Für PSB

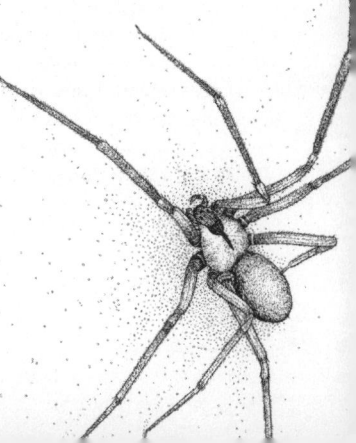

AMY STEWART

GEMEINES GETIER

DAS A BIS Z DER INSEKTEN, DIE BEISSEN, STECHEN, INFIZIEREN UND UNS DEN LETZTEN NERV RAUBEN

Aus dem Englischen
von Claudia Feldmann

Radierungen und Zeichnungen
von Briony Morrow-Cribbs

Berlin Verlag Taschenbuch

März 2013
Die Originalausgabe erschien 2011 unter dem Titel *Wicked Bugs:*
The Louse That Conquered Napoleon's Army & Other Diabolical Insects
bei Algonquin Books of Chapel Hill, Chapel Hill, a division of
Workman Publishing, New York
Für die deutsche Ausgabe
© 2010 Bloomsbury Verlag GmbH, Berlin
Alle Rechte vorbehalten
Umschlaggestaltung: ZERO Werbeagentur
Typographie: Andrea Engel, Berlin
Gesetzt aus der Stone Serif von psb, Berlin
Druck und Bindung: CPI – Clausen & Bosse, Leck
Printed in Germany
ISBN 978-3-8333-0878-9

www.berlinverlag.de

INHALT

Achtung: Wir sind gnadenlos in Minderzahl 9

Afrikanische Fledermauswanze 15
Sie steht einfach nicht auf dich 19
Amerikanische Braunspinne 25
Asiatische Riesenhornisse 29
Kriegerische Insekten 33
Bergkiefernkäfer 39
Bettwanze 45
Bombardierkäfer 51
Brasilianische Wanderspinne 55
Der Fluch des Skorpions 58
Brasilianischer Riesenläufer 63
Felsengebirgsschrecke 69
Gefräßige Gäste 74
Formosa-Termite 79
Ameisenlaufen 83
Gescheckter Nagekäfer 91
Bücherwürmer 95
Gnitze 101
Grabmilbe 107
Von Läusen und Menschen 111
Hirschzecke 119
Kartoffelkäfer 123
Gärtners Grauen 127
Kriebelmücke 137
Küchenschabe 143

Leptotrombidium   149
Maiswurzelbohrer   153
Marmorierte Baumwanze   157
Mittelmeerfruchtfliege   161
Musca Sorbens   165
Das geht unter die Haut   169
Paederuskäfer   177
Leichenschmaus   180
Reblaus   187
Sandfloh   193
Fürchte dich nicht   197
Sandmücke   201
Schwarze Witwe   207
Stachelige Raupen   212
Spanische Fliege   219
Stechmücke   225
Tausendfüßer   231
Pfeilgifte   234
Tauwurm   239
Der Feind in deinem Innern   244
Tsetsefliege   255
Zombies   259
Vinchuca-Wanze   265
Vogelspinne   271

Über die Künstlerin   275
Bibliographie   276
Register   282

ACHTUNG: WIR SIND GNADENLOS IN DER MINDERZAHL

Im Jahr 1909 erschien in der *Chicago Daily Tribune* ein Artikel mit der Überschrift: »Wenn Käfer so groß wie Menschen wären«. Er begann mit der düsteren Feststellung: »Alle Formen der Zerstörung, die je vom Menschen erdacht wurden, sind kindisch und lächerlich im Vergleich zu den Kräften, mit denen die Natur die Insekten ausgestattet hat.« Gefolgt von der Frage, was wohl geschehen würde, »falls morgen ein mächtiger Zauberstab über die Erde geschwungen würde und die Menschheit auf die Größe von Insekten schrumpfte, während diese winzigen Kreaturen die Größe von Menschen annähmen«.

Die Einwohner von Chicago dürften ziemlich alarmiert gewesen sein, als sie lasen, welche Katastrophen ihnen drohten, wenn sie mit den Insekten tauschten: Der riesige Herkuleskäfer wäre nicht nur furchteinflößend, sondern auch ohne jede Moral, mit einem Hang zu Saufereien und Schlägereien; Borkenkäfer könnten ganze Festungen niedermähen; Armeen wären machtlos gegen die Geschosse des Bombardierkäfers; und Spinnen wären in der Lage, Elefanten zu vernichten. »Die einzige Rettung für den Menschen läge möglicherweise darin, dass er zu unbedeutend wäre, um ihn anzugreifen.« Selbst Löwen würden sich vor diesen neuen geflügelten und vielbeinigen Feinden ängstlich niederducken.

Zweifellos wollte der *Tribune*-Reporter darauf hinaus, dass Insekten auf ihre Weise mächtig sind und dass allein ihre mangelnde Größe sie davon abhält, die Welt zu erobern.

Wenn es doch nur so wäre! In Wirklichkeit beeinflussen Insekten längst den Lauf der Geschichte. Sie haben sich Soldaten in den Weg gestellt. Sie haben Bauern von ihrem Land vertrieben. Sie haben ganze Städte und Wälder verschlungen und zahllosen Menschen Schmerz, Leid und Tod gebracht.

Was natürlich nicht heißen soll, dass sie nicht auch Gutes tun. Sie bestäuben die Pflanzen, die uns ernähren, und dienen selbst als Futter für andere Lebewesen in der Nahrungskette. Sie kümmern sich um den wichtigen Prozess der Zersetzung, indem sie alles, von gefallenem Laub bis zu gefallenen Helden, wieder in Erde verwandeln. Etliche Insekten, von der Schmeißfliege bis zum Ölkäfer, haben sich in der Medizin als nützlich erwiesen. Und da sich Insekten gegenseitig fressen, sorgen sie dafür, dass keine Art allzu mächtig wird. Wir könnten ohne sie nicht leben. Tatsächlich wird durch den wahllosen Einsatz von Pestiziden und die Zerstörung der Lebensräume von Insekten weit mehr Schaden angerichtet, als wenn man einfach lernen würde, mit ihnen zu leben und ihre positiven Eigenschaften zu schätzen.

Doch dieses Buch ist nicht dazu da, Insekten und ihre Tugenden zu preisen. Wie bei *Gemeine Gewächse* habe ich mich ganz der dunklen Seite der Beziehung zwischen Natur und Mensch gewidmet. Manch einer mag einwenden, die Leute hegten ohnehin schon genug Hass gegen die Insekten und bräuchten keine weiteren Argumente. Und diejenigen unter uns, die unerschütterlich auf der Seite der Insekten stehen, sie sanft und mit freundlichen Worten aus dem Haus befördern und keinerlei Chemiesprays in den Garten lassen, um ihnen nicht das Abendessen zu verderben, verspüren womöglich gar nicht die Neigung, ihre geradezu kriminelle Geschichte kennenzulernen.

Doch unsere Vorlieben können ebenso fehlgeleitet sein wie unsere Phobien. Die gewöhnliche Gartenkreuzspinne auf Ihrer Fensterbank verdient Beifall für ihre guten Taten, doch um die blutsaugende Raubwanze, die Ihnen bei einem Südamerika-Urlaub begegnet, sollten Sie besser einen weiten Bogen machen. Um solche Unterscheidungen zu treffen, braucht man kein Diplom in Entomologie (Insektenkunde); da genügen gesunder Menschenverstand und unvoreingenommene Neugier. Ich hoffe, dass *Gemeines Getier* Sie zu beidem inspiriert – und Ihnen nebenbei noch ein paar Gruselschauer über den Rücken jagt.

Ich bin weder Wissenschaftlerin noch Ärztin, sondern Schriftstellerin mit einer Faszination für die Welt der Natur. In jedem Kapitel erzähle ich eine herrlich gruselige Geschichte und liefere gerade so viele Informationen über Lebensweise und Gewohnheiten des jeweiligen Insekts, wie nötig sind, um es leichter erkennen zu können. Dieses Buch ist weder ein umfassender Insektenführer noch ein medizinisches Handbuch und somit auch nicht dazu geeignet, ein Insekt einwandfrei zu identifizieren oder eine Krankheit zu diagnostizieren. Dafür gibt es am Ende des Buches ein umfangreiches Literaturverzeichnis.

Von den Tausenden Arten, die ich hätte aufnehmen können, habe ich die gewählt, die ich am spannendsten fand. Das Wort *gemein* verwende ich hier eher im weiteren Sinn: Es umfasst die schmerzhaftesten Insekten wie die

24-Stunden-Ameise, deren Biss üble, einen ganzen Tag lang anhaltende Schmerzen verursacht (daher der Name), die zerstörerischsten wie die unterirdisch lebende Formosa-Termite, die klammheimlich die Flutbefestigungen rund um New Orleans wegfrisst, und Krankheitsüberträger wie den Rattenfloh, der die Pest nach Europa brachte. Auch Insekten, die Ernten vernichten, Leute aus ihren Häusern oder schlicht in den Wahnsinn treiben, findet man auf den folgenden Seiten. Manche der Geschichten sind grotesk, andere tragisch, aber in jedem einzelnen Fall war ich verblüfft über die Macht und Komplexität dieser winzigen Kreaturen.

Entomologen werden einwenden, *Getier* sei kein wissenschaftlicher Begriff, und damit haben sie natürlich recht. Dieses Wort bezeichnet eher umgangssprachlich alle möglichen Arten von kleinen, meist krabbelnden Lebewesen. Auch die Benennung *Insekt* ist, streng genommen, nicht korrekt, denn biologisch betrachtet ist ein Insekt ein Lebewesen mit sechs Beinen, einem dreigliedrigen Körper und zumeist zwei Flügelpaaren. Spinnen, Würmer, Tausendfüßer, Schnecken und Skorpione sind keine Insekten, sondern gehören zu den Arachniden und anderen Klassen von Lebewesen, die nur entfernt mit den Insekten verwandt sind. Ich konnte es mir nicht verkneifen, ein paar von ihnen trotzdem in dieses Buch aufzunehmen, und bitte die Fachleute um Entschuldigung dafür, dass ich den Begriff *Insekt* amateurhaft als Sammelbezeichnung für alles hier vorgestellte *Getier* verwende.

Bisher sind weltweit über eine Million verschiedene Insektenarten beschrieben worden, und Schätzungen zufolge leben zurzeit 10 Quintillionen Insekten auf diesem Planeten. Das bedeutet, auf jeden von uns kommen 200 Millionen von ihnen. Wenn man sämtliche Lebewesen der Welt zu einer Pyramide aufschichten würde, bestünde sie fast ausschließlich aus Insekten, Spinnen und dergleichen. Die anderen Tiere – einschließlich uns Menschen – wären nur ein winziges Eckchen in der Pyramide. Wir sind gnadenlos in der Minderzahl.

Den Insekten und ihren zappelnden, krabbelnden und wimmelnden Gefährten gelten mein argwöhnischer Respekt und meine rückhaltlose Ehrfurcht. Nach allem, was ich gelernt habe, bringe ich es immer noch nicht fertig, ein Insekt zu erschlagen. Aber ich beobachte sie jetzt mit größerer Faszination und Besorgnis als je zuvor.

AFRIKANISCHE FLEDER-MAUSWANZE

AFROCIMEX CONSTRICTUS

Größe:	5 mm
Familie:	Cimicidae (Blattwanzen)
Habitat:	in unmittelbarer Nähe von Fledermaus-kolonien, meistens in Bäumen oder Höhlen, manchmal auch in den Giebeln oder Dachböden von Häusern
Verbreitung:	Die Afrikanische Fledermauswanze stammt aus Ostafrika, doch andere Arten von Fledermauswanzen findet man auf der ganzen Welt, überall dort, wo es größere Populationen von Fledermäusen gibt.

Als eine Familie in North Carolina in ihrem Haus winzige, blutsaugende Parasiten entdeckte, die wie Bettwanzen aussahen, ahnte sie noch nicht, dass das nur die Spitze vom Eisberg war. Die Wanzen waren ein Zeichen dafür, dass sich in ihrem Dachboden Fledermäuse eingenistet hatten.

Fledermauswanzen sind Parasiten, die Fledermäuse bevorzugen, sich jedoch auch an anderen Warmblütern vergreifen, wenn der Hunger gar zu groß wird. Sie brauchen nicht oft Nahrung – eine erwachsene Fledermauswanze kann mit einer Blutmahlzeit pro Jahr überleben –, aber um genug Energie für die Fortpflanzung zu haben, genehmigen sie sich häufiger eine Portion Blut von lebenden Fledermäusen. Die Wanzen leben nicht auf dem Körper der Fledermaus; sie suchen sich eine warme, trockene Nische in einem Dachboden oder einem hohlen Baum und dinieren, wenn die Fledermäuse in den frühen Morgenstunden zum Schlafen zurückkehren.

Alarmiert von der Entdeckung der Wanzen und der Fledermäuse, bestellte die Familie einen Kammerjäger. Dieser riet ihnen, bis zum Herbst zu warten, wenn die Fledermausjungen alt genug wären, um selbst aus dem Dachboden zu fliegen. Dann könnte man die Löcher und Ritzen im Dach verschließen, während die Fledermäuse ausgeflogen waren. Mit dieser Methode gelang es schließlich, die Fledermäuse loszuwerden. Die Wanzen hingegen ließen sich leider nicht so leicht verjagen.

Wenn ihre Wirte verschwunden sind, wandern die Fledermauswanzen durchs Haus und ernähren sich von Menschenblut. Zu erkennen sind die ungebetenen Besucher an kleinen, fleischfarbenen Striemen auf der Haut ihrer Opfer, meist zwei oder drei nebeneinander, und am Juckreiz. Die Bisse sind in der Regel harmlos, können sich aber durch zu viel Kratzen entzünden. Die Wanzen selbst sieht man kaum, weil sie normalerweise saugen, während ihr Wirt schläft. Mit ihrem nur fünf Millimeter großen, ovalen, dunkelroten Körper sind sie kaum von ihren nahen Verwandten, den Bettwanzen, zu unterscheiden.

Für Menschen ist es zwar nicht sonderlich angenehm, das Haus mit diesen Lebewesen zu teilen, doch das ist nichts im Vergleich zu dem, was weibliche Fledermauswanzen erwartet, wenn sie sich mit einem männlichen Artgenossen einlassen. Alle Arten von Fledermauswanzen vollführen beim Liebesakt die sogenannte traumatische Insemination, bei der das Männchen die Vagina des Weibchens ignoriert und ihr stattdessen seinen scharfen, kleinen Penis in den Hinterleib bohrt. Das Sperma wird direkt in den Blutkreislauf injiziert; ein Teil davon landet auf diesem Weg in den Fortpflanzungsorganen des Weibchens, der Rest wird einfach absorbiert und ausgeschieden.

Dieser Vorgang ist für die weibliche Fledermauswanze alles andere als angenehm. Im Labor sterben Fledermauswanzenkolonien rasch aus, weil die Weibchen den schmerzhaften und brutalen Avancen der Männchen nicht lange genug entgehen können, um sich von der Verletzung zu erholen und die Eier abzulegen. Deshalb hat das Weibchen einer Unterart, nämlich der *Afrocimex constrictus*, ein völlig neues, taschenförmiges Gebilde entwickelt, das Ribaga'sche Organ, das die Attacken des Männchens zu einer bestimmten Stelle des Hinterleibs leiten soll, die dafür besser gewappnet ist.

Um das Ganze noch komplizierter zu machen, durchbohren liebeshungrige Männchen auch die Körper männlicher Fledermauswanzen. Woraufhin die Männchen, die dieses Verhalten noch weniger schätzen als die Weibchen, härtere Formen des Ribaga'schen Organs entwickelt haben, um sich vor den Sexattacken ihrer Artgenossen zu schützen. Das funktioniert so gut, dass die Weibchen darauf aufmerksam geworden sind, nun den Männchen nacheifern und ihrerseits eine robustere Version dieser falschen Genitalien ausbilden, die sie ja ursprünglich selbst erfunden haben. Dieser außergewöhnliche Fall von Weibchen, die die Männchen imitieren, die wiederum die Weibchen imitieren, hat, wie ein staunender Wissenschaftler es formulierte, die wirre Welt der Fledermaus-

wanzen-Liebeleien in eine »Brutstätte der Täuschung« verwandelt.

> Familienbande: Die Fledermauswanze ist eng
> verwandt mit den Bettwanzen und einigen
> anderen Insekten, die von der Hämatophagie
> leben, sprich: die sich vom Blut der Warm-
> blüter ernähren.

SIE STEHT
EINFACH NICHT AUF DICH

Afrikanische Fledermauswanzen sind nicht die einzigen Lebewesen, die für die Liebe leiden. Aggressive und feindselige Kopulationspraktiken kommen erstaunlich oft vor und machen jedes Rendezvous zu einem Horrortrip. Hier kommt eine kleine Auswahl von Schauergeschichten aus dem Krieg zwischen den Geschlechtern.

Bananenschnecke — *Ariolimax californicus*

Diese Schnecken bieten einen überraschenden Anblick auf dem Waldboden, denn sie sind länger als ein Finger und haben exakt das leuchtende Gelb von Bananen. Man findet sie überall an der Westküste der Vereinigten Staaten, vor allem in Kalifornien, wo sie als eine Art lokale Kuriosität gelten. Die University of California in Santa Cruz hat sie sogar zu ihrem Maskottchen gemacht.

Für ein scheinbar so friedfertiges Lebewesen hat sie allerdings ein ziemlich gewalttätiges Liebesleben. Bananenschnecken sind Hermaphroditen, das heißt, sie besitzen sowohl männliche als auch weibliche Geschlechtsorgane, und wenn sie paarungsbereit sind, hinterlassen sie eine Schleimspur, die potenzielle Partner anlocken soll. Haben sich zwei gefunden, fressen sie als eine Art Vorspiel den Schleim der anderen. Dann prüfen sie – und zwar im wörtlichen Sinn –, ob sie zueinander passen. Da Schnecken sich gegenseitig und gleichzeitig penetrieren, versuchen sie, möglichst gleich große Partner zu finden. Wenn sie sich näher kommen, wobei sie eine S-Form annehmen, um die Paarung zu erleichtern, beißen sie einander oft. Das ist bei Schnecken zwar normal, ändert allerdings nichts daran, dass beide hinterher ziemlich ramponiert aussehen.

Die Schnecken bleiben manchmal mehrere Stunden lang ineinander verschlungen. Wenn sie sich dann schließlich voneinander lösen, müssen sie bisweilen feststellen, dass sie hoffnungslos ineinander feststecken, und dann bleibt ihnen nichts anderes übrig, als den Penis des Partners abzubeißen. Dieses bizarre Verhalten klingt nach einem evolutionären Eigentor, doch die Schnecke überlebt diese Amputation und kann sich auch weiter paaren – dann allerdings nur noch in der weiblichen Rolle.

Glühwürmchen   *Photuris versicolor*

Glühwürmchen nutzen ihr bezauberndes Licht, um sich bei ihrem sommerlichen Paarungsritual Signale zuzusenden. Die Männchen fliegen im Dunkeln umher, lassen ihr Licht aufleuchten und hoffen, damit ein Weibchen anzulocken. Jede Art kommuniziert mit einem spezifischen Muster aus langen und kurzen Signalen, damit sich kein Weibchen einer falschen Art angesprochen fühlt. Die Weibchen antworten ebenfalls mit einem Leuchtsignal, und auch dieses ist wiederum artentypisch: Der Zeitabstand zwischen dem Signal des Männchens und der Antwort des Weibchens ist bei jeder Art anders, und allein dieser winzige Unterschied sorgt dafür, dass die passenden Glühwürmchen zueinanderfinden.

Das System funktioniert ziemlich gut, bis sich eine Femme fatale einmischt, eine Glühwürmchendame der Spezies *Photuris versicolor*. Sie geht ebenfalls mit einem bestimmten Leuchtsignal auf Partnersuche, verwendet aber außerdem auch noch ein Täuschsignal, um ein Männchen einer anderen Spezies anzulocken, nämlich *Photinus ignites*. Wenn das Manöver gelingt, und er näherkommt, greift sie ihn an und frisst ihn auf. Doch dieses artfremde Männchen ist mehr als ein Abendessen für sie – indem sie ihn verspeist, nimmt ihr Körper einige der chemischen Abwehrstoffe an, mit denen er seine Fressfeinde auf Abstand hält. Und diese Stoffe schützen nicht nur sie, sondern auch ihre Nachkommen.

Gottesanbeterin	*Tenodera aridifolia sinensis*

Die weibliche Gottesanbeterin frisst ihren Partner zwar nicht immer, aber oft genug, um die Männchen nervös zu machen. Sie nähern sich dem Weibchen mit Vorsicht und versuchen zunächst herauszufinden, ob ihre potenzielle Partnerin bereits gespeist hat. Wenn sie wohlgenährt aussieht, hat er eine gewisse Chance, das Abenteuer lebend zu überstehen. Wenn sie hungrig wirkt, sucht er sich entweder eine andere Partnerin oder springt aus einiger Entfernung auf sie, damit sie ihn nicht packen kann.

Doch auch wenn das Männchen größte Vorsicht walten lässt, geschieht es immer wieder, dass das Weibchen sich umdreht und ihm während der Kopulation den Kopf abbeißt. Er vollendet pflichtschuldig den Akt, während sie sich ihr Abendessen schmecken lässt. Am Ende der Paarung sind von ihm nur noch die Flügel übrig.

Hat ein Männchen Glück und überlebt die Begegnung

mit dem Weibchen, bleibt er hinterher oft noch eine Weile auf ihr sitzen. Das ist kein Zeichen der Zuneigung, sondern entspringt eher der Angst. Wenn er es bis hierher geschafft hat, weiß er, dass er besser keine plötzliche Bewegung machen, sondern langsam und mit äußerster Vorsicht absteigen und zusehen sollte, dass er sich möglichst lautlos aus dem Staub macht.

Golden Orb Weaver *Nephila plumipes*

Diese australische Seidenspinnenart ist besonders kannibalistisch veranlagt. Ungefähr sechzig Prozent aller sexuellen Begegnungen enden damit, dass das Weibchen das Männchen frisst, sodass der Speiseplan des Weibchens genau genommen zu einem Gutteil aus Männchen besteht. Obendrein gelingt es dem Männchen oft nicht, sich von seiner Partnerin zu lösen, ohne dabei einen Teil seines Geschlechtsorgans abzubrechen, das dann im Körper des Weibchens zurückbleibt.

Dahinter könnte man einen genetischen Vorteil vermuten – in der Welt der Insekten ist es nicht ungewöhnlich, dass Männchen bei der Paarung eine Art »Genitalstöpsel« hinterlassen, um andere Männchen davon abzuhalten, ihr Weibchen zu begatten –, doch bei *Nephila plumipes* scheint dies nicht der Fall zu sein. Andere Männchen können sich problemlos mit dem Weibchen paaren, indem sie sich einfach an den Überresten ihres Vorgängers vorbeischieben.

Forscher haben festgestellt, dass Männchen aufgrund dieser Verletzung »nur einen begrenzten Fortpflanzungseffekt erzielen, selbst wenn sie die Paarung überleben … Daher ist der Preis des postkoitalen Kannibalismus für Männchen wohl gar nicht so groß.« Mit anderen Worten:

Wenn es mit dem Sex ohnehin vorbei ist, können sie sich genauso gut fressen lassen – so schenken sie als letzten Akt väterlicher Fürsorge der Mutter ihrer Kinder wenigstens eine anständige Mahlzeit.

Krabbenspinne	*Xysticus cristatus* und andere

In Anbetracht der Gefahren, die den Männchen in der Welt der Spinnen und Insekten beim Sex drohen, ist es kein Wunder, dass einige Arten sich etwas haben einfallen lassen. Männliche Krabbenspinnen zum Beispiel nähern sich dem Weibchen vorsichtig, klopfen höflich an, um herauszufinden, ob sie in Stimmung ist, und dann wickeln sie rasch ein paar Seidenfäden um die Beine der Dame, damit sie sich bei der Paarung nicht bewegen kann. Diese Art der Fessel wird von Wissenschaftlern, die das Ritual beobachtet haben, dezent als »Brautschleier« bezeichnet.

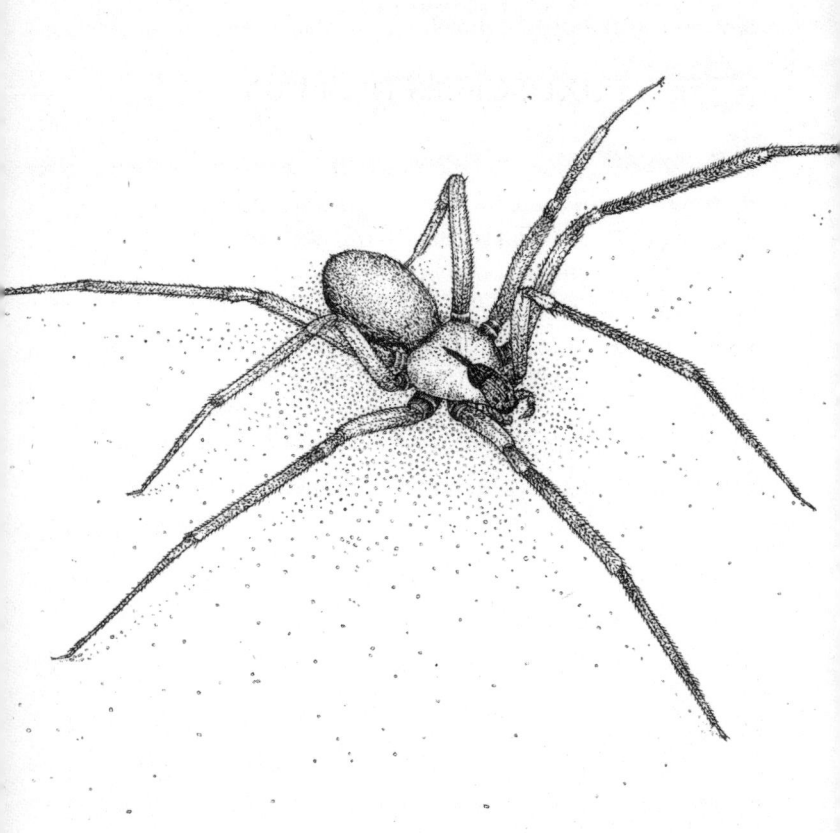

AMERIKANISCHE BRAUNSPINNE

LOXOSCELES RECLUSA

Größe: bis zu 9,5 mm
Familie: Sicariidae (Sechsäugige Sandspinnen)
Habitat: trockene, geschützte, ungestörte Orte wie
                Holzhaufen, Schuppen und Unterholz
Verbreitung: Mitte und Süden der USA

Ach, die arme, missverstandene Amerikanische Braunspinne! Diesem bescheidenen Wesen wird so ziemlich jede Pustel, Eiterbeule und Quaddel angehängt, die ein Mensch nur haben kann. Nach den Berichten in diversen medizinischen Fachzeitschriften ist die Amerikanische Braunspinne verantwortlich für Staphylokokkeninfektionen, Herpes, Gürtelrose, Lymphome, diabetesbedingte Magengeschwüre, Verätzungen und sogar allergische Reaktionen auf Medikamente. Spinnenexperten hingegen beharren darauf, dass es nur zwei Möglichkeiten gibt, den Biss einer Amerikanischen Braunspinne zweifelsfrei zu diagnostizieren: entweder indem man die Spinne in flagranti erwischt und identifizieren lässt oder indem ein Dermatologe eine Biopsie an der frischen Wunde vornimmt. Ohne diesen Nachweis ist die Wahrscheinlichkeit sehr groß, dass die schmerzhafte, schwärende Wunde, mit der man zum Arzt rennt, von etwas anderem als dieser gefürchteten Spinne stammt – und die Fehldiagnose ist häufig gefährlicher als der Spinnenbiss selbst.

Was nicht heißen soll, dass die Amerikanische Braunspinne nicht beißt oder dass der Biss nicht schmerzhaft ist. Ihr heftiger Biss führt zu einem üblen Geschwür, bei dem das Gewebe von der Mitte her abstirbt. Die Wunde ist meist kreisförmig: ein schmerzender roter Rand, darum ein weißer Kreis aus schlecht durchbluteter Haut, und ein blaugrauer Punkt in der Mitte, wo das Gewebe bereits abstirbt. Entgegen den Gerüchten erholen sich die meisten Menschen recht schnell wieder von diesen Bissen; nur die schwereren Fälle ziehen sich über ein oder zwei Monate hin. In den Nachrichten tauchen gelegentlich Meldungen über Todesfälle auf, doch führende Spinnenexperten bezweifeln, dass der Biss einer Amerikanischen Braunspinne so gefährlich sein kann.

Wie kommt es zu den vielen falsch diagnostizierten Bissen? Die Spinne war nahezu unbekannt, bis in der zweiten Hälfte des 20. Jahrhunderts Berichte auftauchten, in denen mysteriöse Wunden mit dieser Spinnenart in Verbindung gebracht wurden. Mittlerweile scheint jeder mit einer merkwürdigen Stelle auf der Haut von bisswütigen Spinnen heimgesucht zu werden. Die Amerikanische Braunspinne ist leicht mit anderen ihr ähnlich sehenden Spinnenarten zu verwechseln, und einige haben sogar dieselbe geigenförmige Zeichnung auf dem Rücken. Um eine Amerikanische Braunspinne eindeutig zu identifizieren, muss man ihr tief in die Augen sehen, sie hat nämlich sechs davon, in zwei Reihen. Außerdem hat sie einen gleichmäßig braun gefärbten, mit winzigen Härchen bedeckten Hinterleib, braune, glatte Beine und ist ziemlich klein (der Körper misst nicht mehr als 9,5 Millimeter).

Spinnen der Gattung *Loxosceles* kommen lediglich in den mittleren und südlichen Regionen der USA vor, einige andere Arten wie *L. deserta, arizonica, apachea, blanda* und *devia* sind entlang der mexikanischen Grenze gefunden worden.

Für Menschen, die an diesen Orten leben, ist es oft ein Schock, wenn sie feststellen, wie viele es von ihnen gibt, und zwar in nächster Nähe. Eine Familie in Kansas sammelte innerhalb eines halben Jahres über 2000 Amerikanische Braunspinnen in ihrem Haus und Garten. Erstaunlicherweise wurde während der sechs Jahre, die sie dort lebten, niemand gebissen. Aber normalerweise beißt diese Spinne auch nur dann, wenn sie buchstäblich in die Enge getrieben wird. Deshalb raten Fachleute dazu, Campingausrüstung sowie Kleider und Bettbezüge, die länger nicht benutzt worden sind oder irgendwo auf dem Boden herumgelegen haben, vor dem Gebrauch auszuschütteln. Oder anders gesagt: Geh der Braunspinne aus dem Weg, dann geht sie dir aus dem Weg.

Familienbande: Braunspinnen sind mit einer anderen Gattung der Sechsäugigen Sandspinnen verwandt, nämlich den Sechsaugenkrabbenspinnen, die für ihr stark nekrotisches Gift bekannt sind.

ASIATISCHE RIESEN-HORNISSE

VESPA MANDARINIA JAPONICA

Größe:	50 mm
Familie:	Vespidae (Faltenwespen)
Habitat:	Wälder und immer öfter auch Städte
Verbreitung:	Japan, China, Taiwan, Korea und andere Regionen Asiens

In den sommerlichen Trockenperioden der letzten Jahre sahen sich die Gesundheitsbehörden in Tokio dazu gezwungen, die Bürger vor der größten und schmerzhaftesten Hornisse der Welt zu warnen. Das Gift der so genannten Asiatischen Riesenhornisse, auch bekannt unter dem Namen Yak-Killer, enthält hohe Dosen der schmerzerregenden Stoffe, die auch in den Stacheln von Bienen und Wespen zu finden sind, und zusätzlich noch ein gefährliches Nervengift namens Mandaratoxin, das tödlich sein kann. Masato Ono, der weltweit führende Experte für Riesenhornissen, beschrieb den Stich mit den Worten »wie ein glühender Nagel, der sich in mein Bein bohrte«. Zu allem Elend lockt der Stich durch die dabei zurückgelassenen Pheromone auch noch weitere Hornissen an, was die Wahrscheinlichkeit erhöht, gleich mehrmals gestochen zu werden.

In Japan werden diese Hornissen *suzumebachi* genannt,

was so viel bedeutet wie »Spatzenwespe«. Mit ihrer Größe von etwa fünf Zentimetern sehen sie im Flug tatsächlich wie kleine Vögel aus. In heißen Sommern kann man sie in japanischen Städten sehen, wo sie in den Mülleimern nach Fischresten suchen, mit denen sie ihren Nachwuchs füttern. Da sie sich bei ihrer Nahrungssuche so gerne in bewohnten Gebieten herumtreiben, sterben jedes Jahr etwa 40 Menschen am Stich dieser riesigen Hornisse.

Wenn selbst Menschen Angst vor diesen Insekten haben, kann man sich vorstellen, was eine Honigbiene bei ihrem Anblick empfindet. Wissenschaftler, die wild lebende Völker der japanischen Honigbiene, *Apis cerana japonica*, beobachten, wissen schon seit Langem, dass diese häufig von Riesenhornissen angegriffen werden. Meist taucht zunächst nur eine einzelne Hornisse auf, die die Gegend erkundet. Sie tötet ein paar Bienen und bringt sie zurück zum Nest, um ihre Brut damit zu versorgen. Nach einigen dieser Appetithappen markiert sie den Bienenstock mit Pheromonen und gibt damit das Signal zum Angriff.

Eine Bande von etwa 30 Hornissen stürzt sich auf den Stock, und innerhalb weniger Stunden massakrieren diese Ungeheuer rund 30 000 kleine Honigbienen, indem sie ihnen den Kopf abreißen und den restlichen Körper zu Boden schleudern. Nachdem sie die Bienen getötet haben, besetzen die Hornissen den nunmehr leeren Stock etwa zehn Tage lang, fressen den Honig und rauben die Bienenlarven für ihren Nachwuchs.

Kürzlich haben Masato Ono und seine Kollegen an der Tamagawa University entdeckt, dass die japanischen Honigbienen sich eine außerordentlich clevere Methode ausgedacht haben, um solche Angriffe zu verhindern. Wenn eine einzelne Kundschafterhornisse sich dem Stock nähert, ziehen sich die Arbeiterbienen ins Innere zurück und locken sie dadurch zum Eingang. Dann kesseln über 500 Bienen die Hornisse ein und schlagen so schnell mit den Flügeln, dass die Umgebungstemperatur auf 47 Grad ansteigt – gerade heiß genug, um die Hornisse zu töten.

Diese Taktik ist jedoch auch für die Honigbienen nicht ungefährlich, denn wenn es nur ein paar Grad heißer wird, sterben sie ebenfalls. Tatsächlich lassen bei dem Einsatz immer ein paar Arbeiterinnen ihr Leben, aber der Schwarm schiebt sie beiseite und macht weiter, bis die Hornisse tot ist. Es kann bis zu zwanzig Minuten dauern, bis die Bienen ihre Feindin zu Tode gegart haben. Dass Insekten sich im Schwarm gegen Feinde verteidigen, ist nicht ungewöhnlich, aber dies ist der einzige bekannte Fall, bei dem ein Angreifer lediglich mithilfe von Körperwärme getötet wird.

Die außergewöhnliche Kraft der Hornissen brachte japanische Forscher auf die Idee, einen Extrakt aus ihren Verdauungssäften als Stärkungsmittel für Athleten zu testen. Dabei fanden sie heraus, dass ausgewachsene Hornissen, die bei ihrer Nahrungssuche bisweilen unglaubliche Entfernungen zurücklegen, selbst kaum feste Nahrung fressen können, weil ihr Verdauungstrakt so klein ist. Allerdings versorgen sie ihre Brut mit getöteten Insekten. Nachdem die Larven ihr Mahl beendet haben, klopfen die Erwachsenen ihnen auf den Kopf, woraufhin die Larven ihnen einen »Kuss« geben, und zwar in Form einiger Tropfen klarer Flüssigkeit. Diese trinken die Erwachsenen zur Energiegewinnung. Die japanischen Wissenschaftler ernteten diese klare Flüssigkeit Tropfen für Tropfen von Larven, die sie in über 80 Hornissennestern fanden. Im Labor demonstrierten sie, dass sowohl Mäuse wie auch Studenten nach der Einnahme weniger Müdigkeit verspürten und Fett besser in Energie umwandeln konnten.

Die Marathonläuferin Naoko Takahashi, die bei der Olympiade in Sydney im Jahr 2000 eine Goldmedaille gewann, erklärte, sie verdanke ihren Erfolg diesem »Hornissensaft«. Als natürliche Substanz verstieß er nicht gegen die Dopingregeln des Internationalen Olympischen Komitees. Mittlerweile gibt es ein Sportlergetränk namens Hornet Juice zu kaufen, das angeblich leistungssteigernd wirkt. Allerdings enthält dieses Getränk keinen Extrakt der Hornissenlarven, sondern nur eine Mischung verschiedener Aminosäuren, die dieselbe Wirkung haben sollen.

> Familienbande: Die Asiatische Riesenhornisse ist verwandt mit anderen Hornissenarten, die sich durch den größeren Kopf und den rundlicheren Hinterleib von den Wespen unterscheiden. Die europäische Hornisse, *Vespa crabro*, sticht ebenfalls, wenn sie sich gestört fühlt, und der Stich ist ziemlich schmerzhaft, aber keineswegs tödlich. Dasselbe gilt für alle anderen Hornissenarten.

KRIEGERISCHE INSEKTEN

Vor fünfzig Jahren gründete das ameri-
kanische Verteidigungsministerium als
Reaktion auf die Entsendung des sowjeti-
schen Sputnik-Satelliten eine Forschungs-
behörde namens DARPA (Defense Advanced Research
Projects Agency), die zukunftsorientierte Techno-
logien entwickeln und fördern sollte. Seither
haben DARPA-Forscher unter anderem Tarn-
kappenflugzeuge, neue Unterwassertech-
nologien und eine Vorform des Inter-
nets entwickelt. Eines ihrer neuesten
Projekte sind Cyborg-Insekten.
Mit dem Hybrid Insect Micro-Electro-
Mechanical System (HI-MEMS) versuchen sie,
Raupen Computerchips einzupflanzen, bevor diese
sich zu Nachtfaltern oder Schmetterlingen verpuppen. Die Wis-
senschaftler hoffen, mithilfe dieser Technik die Flugbahnen der
Insekten fernsteuern zu können, um eines Tages unbemerkt in
feindliche Gebiete zu fliegen und geheime Informationen zu
übermitteln.
Das HI-MEMS-Programm klingt zwar vollkommen abgedreht
und futuristisch, aber ist eigentlich nur das neueste Kapitel in
einer langen Geschichte der »insektuellen« Kriegsführung. Der
Entomologe Jeffrey Lockwood untersucht den Einsatz von In-
sekten im Krieg, und seine Forschungen zeigen, dass sogar die
braven, fleißigen Honigbienen schon für niedere Ziele ein-
gesetzt wurden.

Bienen und Wespen

Bienen und Wespen werden schon seit Tausenden von Jahren als Waffen eingesetzt. Einen Bienenstock oder ein Wespennest auf den Feind zu werfen, ist eine wirkungsvolle Methode, um Chaos zu verbreiten und dafür zu sorgen, dass selbst die tapfersten Krieger die Flucht ergreifen. Die Maya haben schon 2600 v. Chr. in ihren Sagen beschrieben, wie sie lebensgroße Puppen bastelten, mit einem Kürbis als Kopf, in dem sie die stechenden Insekten versteckten. In frühen griechischen Aufzeichnungen über die Kriegsführung kann man lesen, wie Tunnel unter feindlichen Mauern gegraben und dann Bienen und Wespen hindurchgeleitet wurden. Die Verwendung von Katapulten, um Bienenstöcke über gegnerische Mauern zu schleudern, geht mindestens bis auf die Römer zurück und wurde bis ins Mittelalter fortgeführt.

Doch Bienen wurden nicht nur in längst vergangenen Zeiten eingesetzt. Noch im Ersten Weltkrieg versteckten Tansanier Bienenstöcke im Unterholz und versahen die Deckel mit Stolperdrähten, um den britischen Truppen bei ihrem Versuch, den Deutschen das Gebiet abzunehmen, das Leben schwer zu machen.

Einen der ungewöhnlichsten Einsätze von Bienen in der Kriegsführung beschreibt Xenophon, ein Zeitgenosse von Sokrates. Bei einem Kriegszug der Griechen im Jahr 401 v. Chr. wurde den Soldaten ein vergifteter Bienenstock zum Verhängnis: »Alle Soldaten, welche von den Honigwaben aßen, verloren ihre Besinnung, bekamen Erbrechen und Durchfall, und keiner konnte aufrecht stehen. Diejenigen, welche wenig gegessen hatten, glichen den stark Betrunkenen. Andere, die viel genossen, wurden entweder wahnsinnig oder schienen sterben zu wollen.« Allem Anschein nach enthielt der Bienenstock Honig, der von Rhododendren und Azaleen stammte; diese Pflanzen produzieren Nervengifte, die so stark sind, dass sie selbst im Honig noch wirken. Wer davon isst, erleidet eine Honigvergiftung, auch Grayanotoxin-Vergiftung genannt.

Raubwanzen

Diese blutsaugenden Kreaturen, die die Chagas-Krankheit übertragen, wurden in sogenannten Wanzengruben als Folterinstrument eingesetzt. Das bekannteste Beispiel stammt aus dem Jahr 1838, als ein britischer Diplomat namens Charles Stoddart in die Stadt Buchara in Usbekistan kam, um den dortigen Emir dazu zu bewegen, sich auf die Seite der Briten zu schlagen und ihnen dabei zu helfen, die Expansion des Russischen Reiches aufzuhalten. Doch statt als Freund wurde er als Feind empfangen und in die Wanzengrube geworfen, ein Loch unterhalb des *zindan*, eines traditionellen asiatischen Gefängnisses. Dort war er den Angriffen der Raubwanzen ausgesetzt, die in Zeiten ohne Gefangene mit Frischfleisch am Leben gehalten wurden. Zusätzlich wurde der Dung aus den Ställen darüber in die Grube geleitet, was noch mehr Ungeziefer anlockte und die unerträglichen Qualen umso schlimmer machte.

Ein paar Jahre später versuchte Arthur Conolly, ein anderer britischer Offizier, Stoddart zu retten, doch er scheiterte und wurde ebenfalls in die Grube geworfen. Die beiden Männer wurden buchstäblich bei lebendigem Leib aufgefressen. Berichte von den wenigen Malen, als man sie vorübergehend aus der Grube entließ, schildern sie als übersät mit Entzündungen und Läusen. Ihre Todesursache waren jedoch nicht die Insekten, sondern das Henkersbeil, mit dem sie 1842 öffentlich hingerichtet wurden.

Skorpione

Selbst wenn sie gerade mal nicht stechen, verbreiten Skorpione Angst und Schrecken. Plinius der Ältere schrieb um 77 n. Chr.: »Der Skorpion ist eine gefährliche Geißel und hat ein Gift wie das der Schlange; allerdings ist es weit schmerzhafter, und derjenige, der gestochen wurde, leidet drei Tage, bevor der Tod eintritt.« Er fügte hinzu, der Stich eines Skorpions sei »in jedem Falle tödlich für eine Jungfrau und beinahe immer für eine verheiratete Frau«.

In der antiken Stadt Hatra, nicht weit von Kirkuk und Mosul im heutigen Irak, setzten die dortigen Führer um 200 n. Chr. Skorpione ein, als sie ihre Stadtmauern gegen einen Angriff der Römer unter der Leitung von Septimius Severus verteidigen mussten. Als das Heer aufmarschierte, hatten die Führer schon Tontöpfe mit Skorpionen gefüllt – die sie vermutlich in der umliegenden Wüste gesammelt hatten – und standen bereit, um diese »Giftbomben« ihren Angreifern entgegenzuschleudern. Herodian von Antiochia, ein römischer Geschichtsschreiber aus der Zeit, beschreibt die Szene folgendermaßen: »Nachdem sie die Tontöpfe angefertigt hatten, füllten sie sie mit geflügelten Insekten, giftigen kleinen Kreaturen. Als diese auf die Belagerer geschleudert wurden, fielen die Insekten auf die Augen der Römer und alle unbedeckten Körperteile, und bevor irgendjemand sie bemerkte, bissen und stachen sie die Soldaten.« Da Skorpione nicht fliegen können, nehmen Historiker an, dass die Wurfgeschosse nicht nur Skorpione enthielten, sondern auch Stechinsekten, darunter möglicherweise Bienen und Wespen.

Flöhe

Auch die winzigen, blutsaugenden Überträger der Beulenpest wurden schon als Waffe eingesetzt. Im Zweiten Weltkrieg entwickelte Japans Abteilung für biologische Kriegsführung, die Einheit 731, eine Methode, um Bomben mit pestverseuchten Flöhen über feindlichem Gebiet abzuwerfen. Getestet wurden sie in Ningbo, einer Küstenstadt im östlichen China, und in Changde, einer Stadt am Fluss Yuan in der Provinz Hunan. In beiden Städten brach nach diesen Experimenten die Pest aus, und schätzungsweise 200 000 Chinesen starben durch die Einsätze dieser japanischen Einheit. Zudem gab es eine Operation mit dem Decknamen »Kirschblüten in der Nacht«, bei der die Flohbomben über Kalifornien abgeworfen werden sollten, aber der Plan wurde nie ausgeführt.

Das japanische Militär vollzog auch grauenvolle medizinische Experimente an Gefangenen, indem sie sie Gaskammern, diversen Krankheiten, Erfrierungen und Operationen ohne Betäubung aussetzten. Obwohl nach dem Ende des Krieges Beweise für diese Kriegsverbrechen gefunden wurden, garantierten die Vereinigten Staaten den verantwortlichen Ärzten im Austausch gegen ihre Forschungsdaten Immunität. Als Teil dieser Vereinbarung wurde die Existenz der Abteilung geheim gehalten. Erst Mitte der neunziger Jahre erschienen die ersten Berichte von Historikern über die Gräueltaten der Einheit 731.

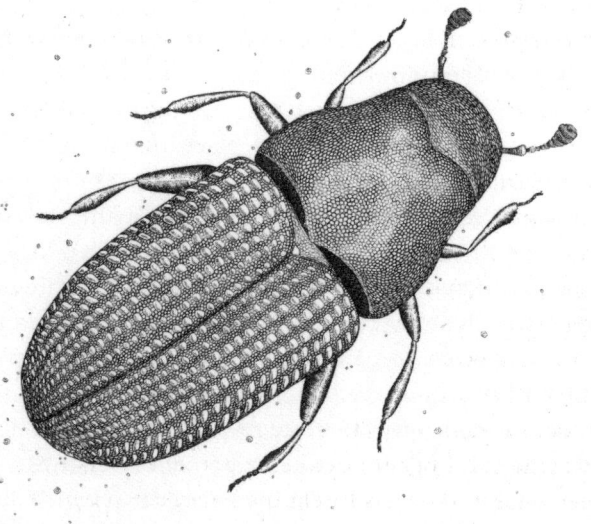

BERGKIEFERNKÄFER

DENDROCTONUS PONDEROSAE

Größe: 3–8 mm
Familie: Curculionidae (Rüsselkäfer)
Habitat: Kiefernwälder
Verbreitung: Westhälfte Nordamerikas

In einem Artikel mit der Überschrift »Was uns die Insekten kosten« erklärte die *New York Times*, die Schäden, die durch Insekten hervorgerufen werden, entsprächen dem gesamten Etat der Vereinigten Staaten und einiger europäischer Länder. Der Bergkiefernkäfer beispielsweise hinterlasse »eine Spur der Vernichtung« in den amerikanischen Wäldern, indem er sich unter Baumrinde gräbt, Tunnel in Stamm und Äste frisst und »Holz im Wert von mehreren Millionen Dollar in halb verrottetem und nutzlosem Zustand zurücklässt«.

Wann erreichte diese alarmierende Nachricht die amerikanische Öffentlichkeit? Im Jahr 1907. Zwanzig Jahre später befand sich der gesamte Westen des Landes in einem regelrechten Krieg gegen den Plagegeist, und der Kongress stellte Millionen von Dollar zur Verfügung, um den gefräßigen Käfer zu erforschen und zu bekämpfen. Doch er war dem Bergkiefernkäfer trotz aller Anstrengungen nicht gewachsen: Zu Beginn der achtziger Jahre berichtete die *Times* erneut, dass das Insekt die amerikanischen Wälder plündere und eine Fläche von rund 14 000 Quadratkilometern geschädigt habe. 2009 war es sogar noch schlimmer, als in den Vereinigten Staaten 26 000 Quadratkilometer und in British Columbia sogar 140 000 Quadratkilometer zerstört wurden – das entspricht ungefähr der Fläche des Staates New York.

Vor allem die Weibchen des Bergkiefernkäfers, der kaum größer ist als ein Reiskorn, graben sich in die Rinde einer Kiefer, bis sie lebendes Gewebe erreichen. Dort beginnen sie zu fressen, legen ihre Eier ab und senden Lockstoffe aus, um ihren Artgenossen mitzuteilen, dass sie einen guten Baum gefunden haben. Der Baum versucht sich zu wehren, indem er klebriges Harz ausscheidet, das die Käfer töten kann, doch meist reicht diese Verteidigungsmaßnahme nicht aus. Während die Käfer sich durch den Baum fressen, infizieren sie ihn mit einem Pilz, der das wasserführende Gewebe des Baums verstopft, sodass die Nadeln nicht mehr versorgt werden.

Die Larven verbringen den Winter unter der Rinde und halten sich warm, indem sie Kohlenhydrate in Glycerin umwandeln, das wie eine Art Frostschutz wirkt. Im Frühjahr wird das Glyzerin wieder in Kohlenhydrate umgewandelt und dient als Energiequelle, während sie sich unter der Rinde verpuppen. Im Juli schlüpfen sie als ausgewachsene Käfer, paaren sich und vollenden den Zyklus. Bergkiefernkäfer leben etwa ein Jahr, das sie bis auf wenige Tage unter der Rinde eines Baumes verbringen.

Normalerweise greifen die Käfer zuerst alte, schwache oder kranke Bäume an und helfen damit sogar, diese zu »recyceln« und Platz für die nächste Generation zu schaffen. Doch etliche Förster sind der Meinung, die jahrzehntelange Brandverhinderung und -bekämpfung habe dazu geführt, dass in den Wäldern anstelle einer gesunden Mischung verschiedener Generationen übermäßig viele alte Bäume vorhanden seien, die nun alle gleichzeitig angegriffen werden. Ein langer, starker Frost würde vermutlich die überwinternden Larven töten, aber die wärmeren Winter der letzten Jahre sorgen dafür, dass viele große Populationen überleben und sich weiter vermehren.

Die Zerstörung durch den Bergkiefernkäfer ist gerade aus der Vogelperspektive gut zu erkennen. Befallene Bäume verfärben sich rot, wenn sie sterben, sodass die einst leuchtend grünen Wälder eher aussehen wie die Laubwälder Neuenglands im Herbst. Unglücklicherweise gibt es keine sinnvolle Möglichkeit, den Käfer erfolgreich zu bekämpfen. Natürliche Feinde wie zum Beispiel der Specht tragen zwar ihren Teil dazu bei, können aber nichts gegen einen massiven Befall ausrichten, chemische Mittel sind viel zu teuer, und aufwendige Verfahren wie das Ablösen der Rinde, um die Larven ihres Schutzes zu berauben (und damit zu töten), sind in dem erforderlichen Ausmaß nicht umsetzbar. Stattdessen konzentrieren sich die Forstverwaltungen auf vorbeugende Maßnahmen, indem sie die Wälder auslichten und natürliche Brände zulassen, um Raum für junge Bäume zu schaffen. Bleibt die Frage, was man mit den kranken Bäumen macht. Einige Fachleute haben vorgeschlagen, sie zu Holzspänen zu verarbeiten, aus denen Äthanol hergestellt werden kann, oder sie zu Pellets zu pressen, die dann als Brennstoff dienen. In Vancouver, wo der Käfer am schlimmsten gewütet hat, wurden im Dach der Arena für die Olympischen Winterspiele 2010 fast 2500 Festmeter käferverseuchtes Holz verbaut.

Familienbande: Der Bergkiefernkäfer ist mit zahlreichen anderen Borken- und Rüsselkäfern verwandt wie zum Beispiel dem Southern Pine Beetle (*Dendroctonus frontalis*), der überall in Mittelamerika und im Süden der Vereinigten Staaten vorkommt, oder dem Großen achtzähnigen Fichtenborkenkäfer (*Ips typographus*) – auch Buchdrucker genannt, weil seine Fraßgänge von oben wie Lettern aussehen –, der die Fichtenwälder in Europa und Skandinavien zerstört.

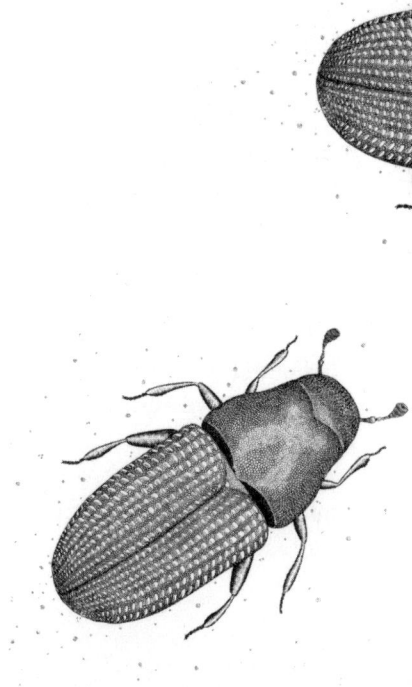

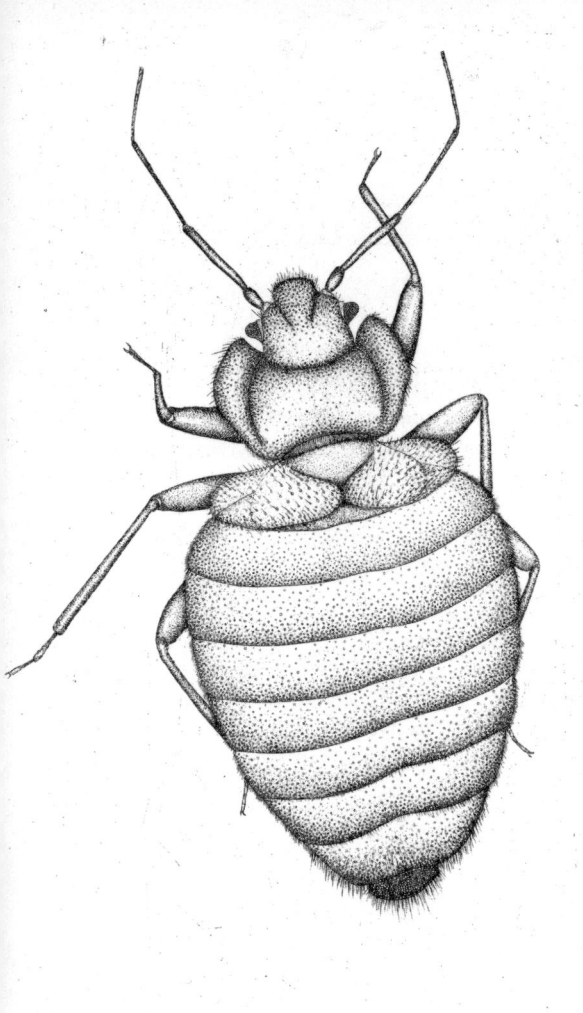

BETTWANZE

CIMEX LECTULARIUS

Größe:	4–5 mm
Familie:	Cimicidae (Plattwanzen)
Habitat:	Nester, Höhlen und andere warme, trockene Orte in der Nähe von Nahrungsquellen
Verbreitung:	gemäßigte Klimazonen überall auf der Welt

In Toronto ging ein sechzigjähriger Mann zu seinem Hausarzt, weil er unter ständiger Müdigkeit litt. Er war Diabetiker, ehemaliger Alkoholiker, der erst seit einem Jahr abstinent lebte, und einstiger Crack-Junkie, insofern war die Müdigkeit noch sein geringstes Problem. Doch der Arzt stellte eine ausgeprägte Anämie fest, die er mit einem hochdosierten Eisenpräparat behandelte. Einen Monat später stand der Mann erneut in seiner Praxis. Die Symptome hatten sich verstärkt, und er brauchte eine Bluttransfusion, bevor er nach Hause gehen konnte. Ein paar Wochen später brauchte er wieder eine Transfusion. Der Blutverlust war unerklärlich und beängstigend.

Dann machte der Arzt einen Hausbesuch, und sofort war die Ursache des Problems gefunden: Überall wimmelte es von Bettwanzen. Sie krabbelten während seines Besuchs sogar auf dem Mann herum. Die Gesundheitsbehörde wurde gerufen, und nachdem Insektizide in der Wohnung eingesetzt und die alten Möbel hinausgeschafft worden waren, erholte sich der Mann nach und nach.

Die Bettwanze ist vorwiegend nachts unterwegs, lauert in der Dunkelheit und strebt allem zu, was warm ist und verlockend nach Kohlendioxid riecht. Sie nähert sich ihrer Mahlzeit – also Ihnen – mit ausgestreckten Fühlern und packt die Haut fest mit ihren winzigen Krallen. Sobald sie sicheren Halt gefunden hat, beginnt sie hin und her zu wippen, wobei sie ihren nadelähnlichen Stich- und Saugrüssel in die Haut bohrt. Dabei beißt sie leicht zu, gerade so fest, dass das Blut hindurchfließen kann. Dann sucht sie mit dem Rüssel nach einem ergiebigen Blutgefäß. Der Speichel der Bettwanze enthält einen Gerinnungshemmer, damit sie sich in Ruhe niederlassen und trinken kann. Wenn sie bei ihrem Mahl ungestört bleibt, wird sie etwa fünf Minuten saugen und dann verschwinden. Aber wenn Sie im Schlaf nach ihr schlagen, wird sie sich vermutlich kurz in Sicherheit bringen und dann erneut zubeißen, was zu der typischen Dreierreihe von Einstichen führt. Dermatologen nennen diese Bissstellen »Frühstück, Mittagessen und Abendessen«.

Vor dem Zweiten Weltkrieg gehörten Bettwanzen überall zum Alltag. Zwar wurden dann Pestizide entwickelt, die sie weitgehend eliminierten, aber jetzt sind sie wieder auf dem Vormarsch. Gründe dafür sind die weltweit gesteigerte Reisetätigkeit, der Wechsel von Breitspektrum-Pestiziden zu spezialisierten Produkten und vor allem die alarmierende Resistenz der Bettwanzen gegenüber chemischen Bekämpfungsmitteln. Forscher der University of Massachusetts haben herausgefunden, dass Bettwanzen in New York City neue Mutationen in ihren Nervenzellen aufweisen, die sie gegen die Nervengifte in den Wanzensprays immun machen. Insbesondere fanden sie heraus, dass Sprays mit Pyrethroiden, der synthetischen Form eines natürlichen Insektizids, das aus den Blüten von Chrysanthemen hergestellt wird, bei New Yorker Bettwanzen kaum eine Wirkung zeigte, während eine entsprechende Population in Florida damit problemlos vernichtet wurde.

Was bedeutet das für den durchschnittlichen New Yorker? Bettwanzen gelten bisher zwar nicht als Krankheitsüberträger, aber die Bisse können allergische Reaktionen, Schwellungen, Ausschläge und Folgeentzündungen durch das Kratzen hervorrufen. Im Fall einer starken Besiedlung kann der Blutverlust so groß sein, dass es zu einer Anämie kommt, vor allem bei Kindern und Menschen mit ohnehin geschwächter Gesundheit. Allein der Schlafmangel und die emotionale Belastung reichen aus, um ernsthafte seelische Probleme auszulösen.

Eine Bettwanze kann bis zu einem Jahr ohne Mahlzeit überleben. In der freien Natur lebt sie meist in einem Nest oder in einer Höhle, in unmittelbarer Nähe ihres Wirts; in der Stadt bevorzugt sie Polster, Tapetenritzen oder die dunklen, trockenen Stellen hinter Bildern oder im Innern von Lampenfassungen. Bei einer richtigen Plage kann man Kotstreifen in den Polstern finden, und ein merkwürdiger süßlicher Geruch, der aus den Duftdrüsen der Wanzen stammt, hängt in der Luft. Die Bestandteile dieser »Duftmarken«, Hexanol und Octenol, dienen zur Kommunikation mit anderen Bettwanzen, und der Geruch ist so typisch, dass entsprechend ausgebildete Hunde ihn erkennen können, selbst wenn Menschen ihn nicht wahrnehmen. Angeblich riecht er nach Koriander – und tatsächlich stammt die Bezeichnung Koriander von *koris* ab, dem griechischen Wort für Wanze. In der Regel reisen Bettwanzen nicht mit Menschen umher, doch Obdachlose, die ihre Kleidung nicht oft wechseln, stellen bisweilen fest, dass die Biester ihnen überallhin folgen und ihre Eier in Kleidern oder sogar unter lang gewachsenen Zehennägeln ablegen.

Bettwanzen wieder loszuwerden ist nicht einfach, vor allem in großen Mietshäusern, wo sie durch Rohre oder Risse im Putz von einem Raum zum anderen wandern können. In letzter Zeit kaufen immer weniger Städter gebrauchte Möbel, aus Angst vor den unerwünschten Mitbewohnern, und Matratzenfirmen haben auf die harte Tour gelernt, dass es wenig sinnvoll ist, alte und neue Matratzen im gleichen Lastwagen zu transportieren, weil dadurch die Plagen, die die Leute loszuwerden versuchen, munter fortgeführt werden.

Eine vielversprechende neue Bekämpfungsmaßnahme – putzintensiv, aber ungiftig – ist ein simples pulverförmiges Trocknungsmittel, das mit den Pheromonen der Bettwanze selbst vermischt wird. Das sogenannte Alarm-Pheromon veranlasst sie, aus ihren Verstecken zu kommen und herumzukrabbeln, wobei sie durch die Berührung mit dem Pulver einfach austrocknen und sterben. Eine noch natürlichere Variante kommt uns vielleicht von ganz alleine zu Hilfe: der Spinnenläufer, *Scutigera coleoptrata*, ernährt sich von Wanzen, ebenso die Staubwanze, *Reduvius personatus*, eine Raubwanzenart, die sich ihre Blutmahlzeiten beschafft, indem sie das der Bettwanzen aussaugt.

Familienbande: Zur Familie der Plattwanzen gehören nicht nur Bettwanzen, sondern auch Fledermauswanzen und Vogelwanzen; alle brauchen zum Überleben das Blut ihrer Wirte.

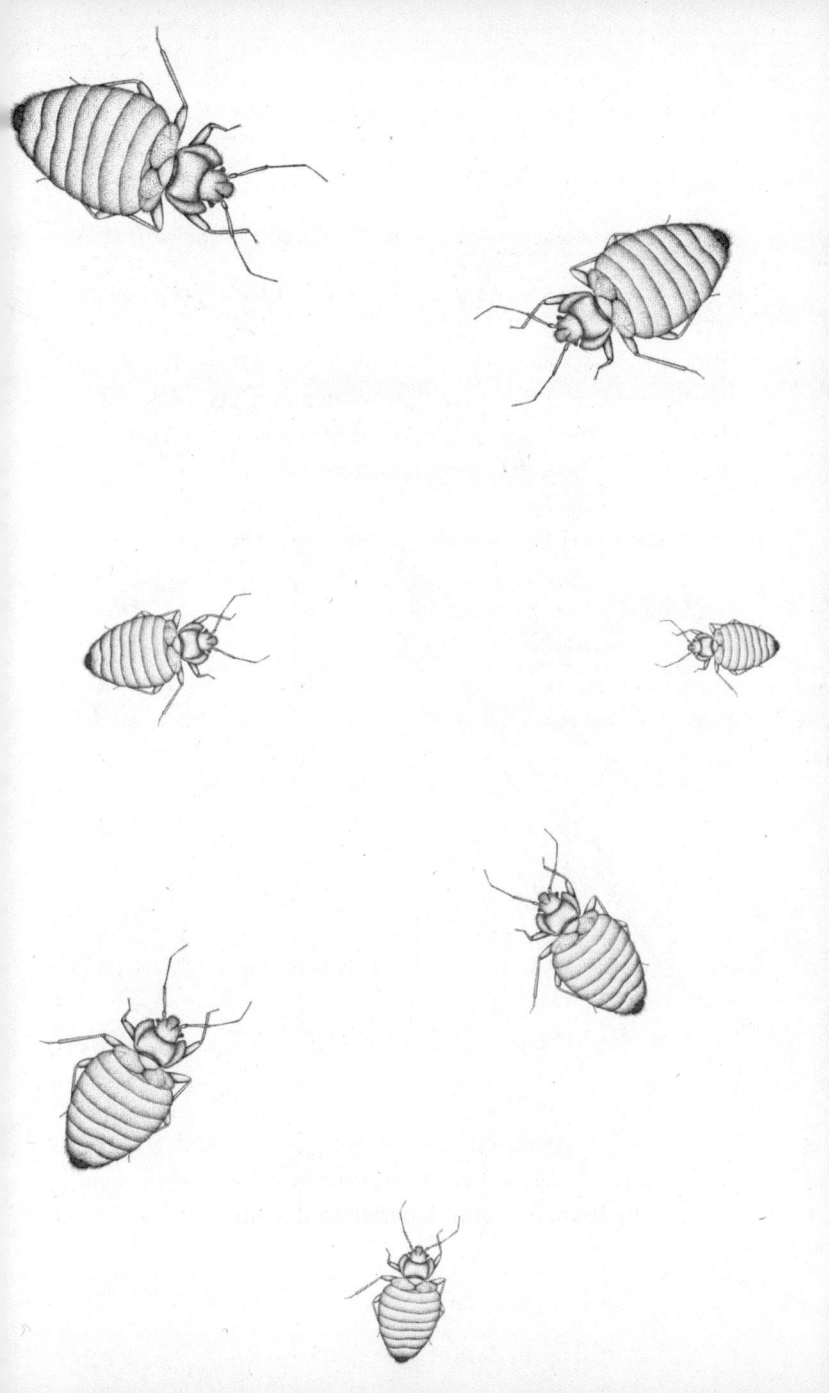

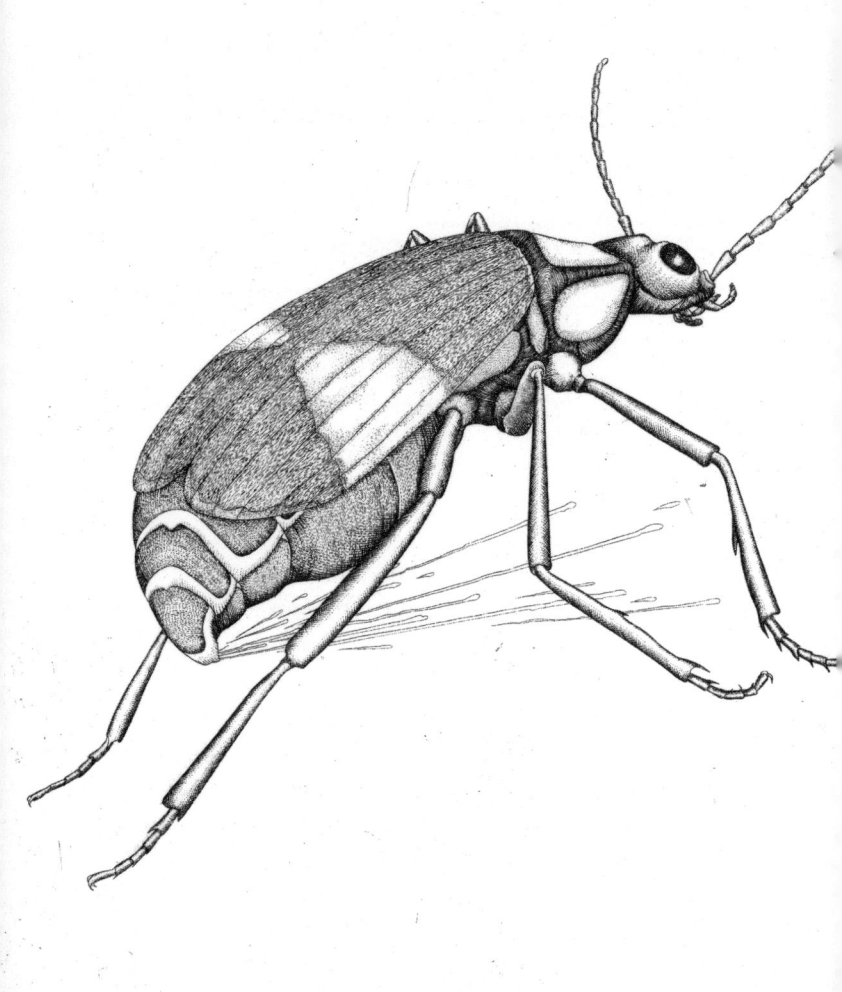

BOMBARDIERKÄFER

STENAPTINUS INSIGNIS

Größe:	bis zu 20 mm
Familie:	Carabidae (Laufkäfer)
Habitat:	Bombardierkäfer leben in allen möglichen Habitaten, von der Wüste bis zum Wald
Verbreitung:	Nord- und Südamerika, Europa, Australien, Vorderer Orient, Afrika, Asien, Neuseeland

Als Charles Darwin 1828 in Cambridge studierte, galt seine Leidenschaft nicht den Büchern, sondern der Natur, und wie viele junge Engländer seiner Zeit war er ein begeisterter Käfersammler. Draußen auf dem Land nach Käfern zu suchen, mag als recht harmloser Zeitvertreib erscheinen, doch bei einem seiner Ausflüge schaffte Darwin es, in Schwierigkeiten zu geraten – und eine interessante Entdeckung zu machen.

»Eines Tages riss ich ein Stück alte Borke von einem Baumstamm ab und sah zwei seltene Käfer, fing sie und hielt in jeder Hand einen fest; dann sah ich noch eine dritte, neue Käferart. Das Exemplar konnte ich mir nicht entgehen lassen, also stopfte ich mir den Käfer, den ich in der rechten Hand hatte, in den Mund. Leider verspritzte er daraufhin ein beißendes Sekret, das mir die Zunge verbrannte; ich musste ihn wieder ausspucken, dieser Käfer ging mir also verloren, und der dritte auch noch.«

Der Käfer, den Darwin sich in den Mund steckte, war

mit ziemlicher Sicherheit ein Exemplar der Laufkäfer-Familie, und zwar ein Bombardierkäfer. Greift man einen von diesen Käfern, hört man ein erstaunlich lautes Knallen, und eine heiße, brennende Flüssigkeit spritzt aus der gewehrartigen Spitze am Hinterleib des Käfers.

Abgesehen von unerfahrenen Sammlern, die sich lebende Insekten zur Aufbewahrung in den Mund stecken, stellt der Bombardierkäfer für Menschen keine Bedrohung dar. Seine Feinde jedoch – Ameisen, größere Käfer, Spinnen, sogar Frösche und Vögel – ergreifen panisch die Flucht, sobald der Bombardierkäfer auf sie zielt.

Der Mechanismus, mit dem er seinen Feind ausschaltet, würde jeden Waffenhersteller faszinieren. In einer Drüse bildet der Käfer Hydrochinon, eine Vorstufe des äußerst reizenden 1,4-Benzochinons, sowie Wasserstoffperoxid. Die zwei Stoffe reagieren jedoch erst, wenn sie mit einem Katalysator in Berührung kommen – und genau das geschieht, wenn der Bombardierkäfer angegriffen wird. Der Inhalt der Sammelblase wird in eine Explosionskammer gepresst und mit einem Katalysator vermischt, der die Chemikalien umwandelt und bis zum Siedepunkt erhitzt. Dabei wird so viel Druck erzeugt, dass das Gemisch mit einem lauten Knall ausgestoßen wird. Detaillierte Aufnahmen dieses Vorgangs zeigen, dass das Insekt mehrfach auf seinen Angreifer schießt, wie ein Automatikgewehr, und zwar 500–1000-mal pro Sekunde.

Ironischerweise wurde ausgerechnet die Käferart, die Charles Darwin angegriffen hat, später dazu benutzt, dessen Evolutionstheorie infrage zu stellen. Kreationisten und Anhänger des Intelligent Design vertreten die Ansicht, der Abwehrmechanismus des Käfers sei zu komplex, um durch graduelle Evolution entstanden zu sein. Sie behaupten, das Kammersystem sei eine »nichtreduzierbare Komplexität«, sprich: die einzelnen Elemente können unmöglich separat durch genetische Mutation entstanden sein und dennoch auf so ungewöhnliche Weise perfekt zusammenspielen. Immer wieder hört man die Behauptung, das Wasserstoffperoxid und das Hydrochinon würden in getrennten Sammelblasen aufbewahrt, und wenn sie sich mischten, würde der Käfer explodieren, was ein Beweis dafür sei, dass die Explosionskammer nicht nach und nach entstanden sein könne. Entomologen haben anhand der Anatomie des Käfers nachgewiesen, dass diese Behauptung falsch ist; die beiden Stoffe werden gemeinsam aufbewahrt und vor dem »Abschuss« mit einem Katalysator vermischt. Darüber hinaus haben sie aufgezeigt, dass verschiedene Elemente dieses Abwehrmechanismus auch bei vielen anderen Arten vorkommen, sodass diese mächtige chemische Waffe nicht so unwahrscheinlich ist, wie sie auf den ersten Blick erscheinen mag.

Etwa 500 Arten von Bombardierkäfern hausen überall auf der Welt unter Brettern, Rinden und Steinen. Nachts kommen sie aus ihren Verstecken hervorgekrabbelt, vorzugsweise in feuchten Gebieten. Dank ihres ausgeklügelten Abwehrsystems können einige von ihnen mehrere Jahre alt werden. Der Afrikanische Bombardierkäfer, *Stenaptinus insignis*, ist dabei besonders beeindruckend, denn er trägt nicht nur eine leuchtend gelb-schwarze Zeichnung, sondern kann seinen Hinterleib auch um bis zu 270 Grad drehen, sodass er nahezu in jede Richtung abfeuern und sogar einen Angreifer von seinem Rücken schießen kann.

Familienbande: Weltweit gibt es über 3000 Arten innerhalb dieser Familie.

BRASILIANISCHE WANDERSPINNE

PHONEUTRIA SPP.

Größe:	150 mm, einschließlich der Beine
Familie:	Ctenidae (Kammspinnen)
Habitat:	Urwald, Regenwälder und dunkle, ruhige Orte wie Holzstapel und Schuppen
Verbreitung:	Mittel- und Südamerika

Es war ein ganz normaler Tag am Flughafen von Rio de Janeiro. Die Gepäckstücke rollten gleichmäßig durch die Sicherheitskontrolle, auf dem Bildschirm erschien der übliche Mix aus Bikinis, Sandalen und Sonnenmilch. Doch der Inhalt eines Koffers ließ die gesamte Sicherheitsabteilung erstarren. Nach dem, was der Kontrollbildschirm anzeigte, befanden sich darin Hunderte von winzigen gekrümmten Beinen.

Jemand versuchte, massenweise Spinnen aus Brasilien hinauszuschmuggeln. Der Koffer war sorgsam mit kleinen weißen Kartons gefüllt, und in jedem davon befand sich eine einzelne lebende Spinne. Der Schmuggler war ein junger Waliser, und er behauptete, er wolle sie in Wales in seinem Spinnengeschäft verkaufen. Eine Durchsuchung seines gesamten Gepäcks ergab, dass er insgesamt 1000 Spinnen bei sich hatte. Ein Teil davon befand sich sogar in seinem Handgepäck, was in dem unglückseligen Fall, dass die Spinnen während des Fluges entflohen und aus den Gepäckfächern gekrochen wären, ein unvorstellbares Chaos ausgelöst hätte.

Die Tiere wurden zur Identifizierung in ein Labor gebracht, und dabei stellte sich heraus, dass es keine gewöhnlichen Spinnen waren: Eine von den Arten, die der Waliser gesammelt hatte, war die Brasilianische Wanderspinne, die zu den gefährlichsten Arten der Welt zählt.

Das Ungewöhnliche an dieser großen, graubraunen Spinne ist, dass sie kein Netz webt und darauf wartet, dass sich ihre Beute darin verfängt. Stattdessen wandert sie nachts auf der Suche nach einem Abendessen über den Urwaldboden und sogar durch die Stadt. Und während die meisten anderen Spinnen beim Anblick eines Feindes sofort die Flucht ergreifen, lässt sich die Brasilianische Wanderspinne nicht ins Bockshorn jagen, sondern erhebt sich auf ihre Hinterbeine und bringt sich in Kampfstellung. Wer so eine Spinne erschlagen will, sollte gut zielen, denn falls sie einen Schlag mit dem Besen überlebt, könnte es sein, dass sie am Stiel hochläuft und zubeißt.

Der Biss löst sofort einen starken Schmerz aus, oft gefolgt von Atembeschwerden und Lähmungen, die zum Ersticken führen können. Ein kurioses Symptom dieses Spinnenbisses ist eine Dauererektion, auch Priapismus genannt. Unglücklicherweise ist das in diesem Fall kein Zeichen für Erregung, sondern für eine schwere Vergiftung. Wer vermutet, dass er von einer Brasilianischen Wanderspinne gebissen wurde, sollte sofort einen Arzt aufsuchen, aber mit der richtigen Behandlung und ein bisschen Glück wird er es überleben.

Die Gattung *Phoneutria* umfasst acht Arten, alle in Mittel- und Südamerika heimisch und zu erkennen an ihren acht Augen, von denen die vier mittleren ein Quadrat bilden. Die Arten sind nicht alle gleich giftig, und die meisten Menschen, die gebissen werden, verspüren nur einen leichten Schmerz und erholen sich schnell wieder. Die giftigsten unter ihnen können jedoch tödlich sein, vor allem bei Kindern und älteren oder kranken Menschen.

Da sie bei der Nahrungssuche manchmal in Bananenbäumen herumklettert, kann die Brasilianische Wanderspinne auch als blinder Passagier in einer Ladung Bananen mitreisen, daher ihr Spitzname »Bananenspinne«. Neben ihr gibt es viele ähnlich aussehende, aber harmlose Exemplare, die in Bananenkisten oder anderer Fracht auftauchen, und nur wenige Fachleute weltweit sind in der Lage, sie korrekt zu identifizieren. Daher sollte man Medienberichten über *Phoneutria*-Bisse durch in importierten Waren gefundene Spinnen mit einer gewissen Skepsis begegnen. Einen belegten Fall gibt es allerdings tatsächlich: Im Jahr 2005 wurde ein britischer Küchenchef gebissen, als er eine Bananenkiste öffnete. Trotz des Schocks und der Schmerzen war er so geistesgegenwärtig, die Spinne mit seinem Handy zu fotografieren. Die Spinne selbst wurde später in der Küche gefunden, sodass sie identifiziert und der Mann mit den richtigen Medikamenten behandelt werden konnte. Er überlebte, lag allerdings eine ganze Woche im Krankenhaus.

Familienbande: Die anderen Mitglieder der *Ctenidae*-Familie sind meist ebenfalls auf dem Boden lebende Spinnen, die keine Netze weben, sondern jagen, aber über die Stärke ihres Gifts ist nicht allzu viel bekannt.

DER FLUCH DES SKORPIONS

Der Stich eines Skorpions ist zwar oft schmerzhaft, aber so gut wie nie tödlich – zumindest für Erwachsene. Bei Kindern hingegen sieht die Sache anders aus. Das musste 1994 eine kalifornische Familie erfahren, als sie in Puerto Vallarta (Mexiko) Urlaub machte und der dreizehn Monate alte Sohn auf einen Skorpion trat, der sich in seinem Schuh versteckt hatte. Der Junge fing an zu weinen, an seinem Mund bildete sich Schaum, und er bekam hohes Fieber. In der örtlichen Notaufnahme hörte er mehrmals auf zu atmen. Schließlich riefen seine Eltern in einem Krankenhaus in San Diego an und ließen ihn dorthin fliegen, wo er sofort an die Herz-Lungen-Maschine angeschlossen wurde. Auch die Ärzte und Schwestern waren lange nicht sicher, ob er es schaffen würde, aber schließlich hat er es überlebt.

Bei einem kleinen Kind kann das Nervengift eines Skorpions zu Krämpfen, Verlust der Muskelkontrolle und unerträglichen Schmerzen im ganzen Körper führen. Bis vor Kurzem mussten Eltern hilflos zusehen, wie die Ärzte taten, was sie konnten, um die Symptome zu lindern und das Kind ruhigzustellen, während sich das Gift im Körper ausbreitete, aber glücklicherweise wird mittlerweile auch eine neue Behandlungsmethode klinisch erprobt. Im Children's Hospital in Phoenix können Eltern entscheiden, ob ihr Kind ein Beruhigungsmittel oder ein neues Gegengift namens Anascorp bekommen soll. Das Medi-

kament wird intravenös verabreicht, und die Wirkung setzt innerhalb weniger Stunden ein, sodass das Opfer meist noch am gleichen Tag mit einem Schmerzmittel nach Hause entlassen wird. Dieser Durchbruch wird in Arizona mit großer Begeisterung aufgenommen, denn dort werden jedes Jahr rund 8000 Menschen von Skorpionen gestochen, und 200 davon sind kleine Kinder, die schwere Folgeschäden erleiden.

Skorpione leben in Wüsten, tropischen und subtropischen Gebieten überall auf der Welt, und bisher sind über 1800 Arten dieser Spinnentiere bekannt. Wie auch bei Spinnenbissen ist es oft schwierig festzustellen, welche Art für den Stich verantwortlich ist, es sei denn, der Skorpion wird gefangen und identifiziert. Nur zur Sicherheit hier ein paar, denen man auf jeden Fall aus dem Weg gehen sollte:

Arizona-Rindenskorpion	*Centruroides sculpturatus*

Das ist der Skorpion, der in Arizona am meisten gefürchtet wird. Er lebt im Südwesten der USA und in Mexiko, meist unter Steinen und in Holzhaufen versteckt, aber er wagt sich auch in Häuser. Da er nur sieben bis acht Zentimeter groß ist, wird er oft übersehen, vor allem da er nachtaktiv ist. Praktischerweise leuchten Skorpione in ultraviolettem Licht, sodass wer auf Nummer sicher gehen will, das Schlafzimmer mit einer Schwarzlicht-Taschenlampe absuchen sollte, die oft als »Skorpiondetektor« verkauft wird. Der Stich gilt als einer der schmerzhaftesten von allen Skorpionen, seine Wirkung hält bis zu 72 Stunden an und kann für Kinder und Haustiere gefährlich werden. Eine verwandte Art, der Durango-Skorpion *Centruroides suffusus*, lebt in der Chihuahua-Wüste und ist einer der giftigsten Skorpione Mexikos.

Dickschwanzskorpion *Androctonus crassicauda*

Die Soldaten im Irak werden gewarnt, sich vor diesem äußerst gefährlichen dunkelbraunen Skorpion in Acht zu nehmen, der nach seinem bedrohlichen, überdimensionalen Schwanz benannt ist. Das Militär bezeichnet ihn als einen der giftigsten Skorpione der Welt und weist darauf hin, dass der Stich Herz- oder Atemstillstand auslösen kann.

Gelber Mittelmeerskorpion *Leiurus quinquestriatus*

Ein weiterer Skorpion aus dem Vorderen Orient. Mit seinem hellgelben und beigefarbenen Körper ist er auf sandigem Boden leicht zu übersehen, aber sein Stich ist hochgradig giftig. Eine Sanitäterin der Air Force, die zweimal gebissen wurde, musste in ein Krankenhaus geflogen werden, wo sie an die Herz-Lungen-Maschine angeschlossen und versuchsweise mit einem Gegengift behandelt wurde, um ihr das Leben zu retten.

Trinidad-Skorpion *Tityus trinitatis*

Dieses winzige Exemplar, das vorwiegend in Trinidad und Venezuela vorkommt, wird nur fünf bis sechs Zentimeter groß, hat aber einen schmerzhaften Stich, der eine Bauchspeicheldrüsenentzündung (Pankreatitis) auslösen kann. Der Tod einiger Kinder, die an Herzmuskelschäden gestorben sind, wird dem Gift dieses Skorpions zugeschrieben.

Geißelskorpion   *Mastigoproctus giganteus*

Diese Art zählt zwar nicht zu den echten Skorpionen, aber sie verfügt über eine höchst ungewöhnliche Abwehrwaffe: Statt zu stechen, versprüht der Geißelskorpion 84-prozentige Essigsäure. (Zum Vergleich: Normaler Haushaltsessig enthält lediglich fünf Prozent Essigsäure.) Aber nicht nur das – er kann außerdem seinen Schwanz herumschleudern und in alle Richtungen sprühen, sodass jeder Angreifer schnellstens in Deckung gehen sollte.

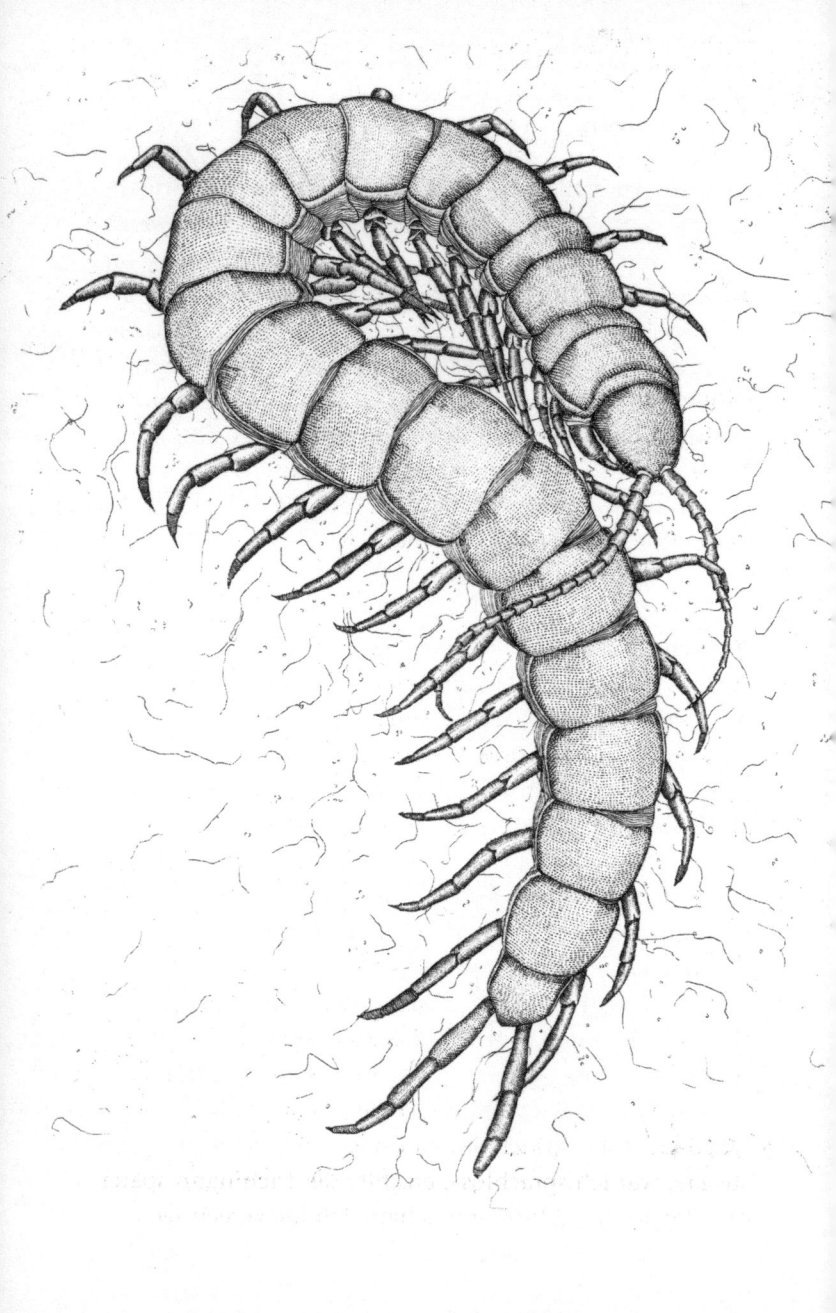

BRASILIANISCHER RIESENLÄUFER

SCOLOPENDRA GIGANTEA

Größe: bis zu 30 cm
Familie: Scolopendridae (Skolopender)
Habitat: feuchte Umgebungen wie z. B. die Unter-
                   seite von Steinen, Laub, Waldboden
Verbreitung: Wälder Südamerikas

Im Jahr 2005 saß ein 32-jähriger Psychologe in seinem Haus im Norden Londons vor dem Fernseher, als er ein merkwürdiges Rascheln hörte, das aus einem Papierstapel kam. Er stand auf, um nachzusehen, doch statt einer Maus – wie er vermutet hatte – erblickte er ein 20 Zentimeter langes, prähistorisch aussehendes Wesen mit zahllosen Beinen, das eilig davonlief. Glücklicherweise besaß er die Geistesgegenwart, sich einen Plastikbehälter zu schnappen und das Tier damit einzufangen, ohne es zu berühren.

Am nächsten Morgen ging er damit zum Naturhistorischen Museum. Ein Insektenkundler spähte in die Tüte, in der Annahme, es handle sich um eines der ganz gewöhnlichen Insekten, die die Leute jeden Tag ins Museum brachten. »Aber als ich das Monstrum sah, das in der Tüte steckte, war ich sprachlos«, erzählte der Fachmann später den Reportern. »Mit so etwas hätte ich nie gerechnet.«

Das besagte Monstrum war der größte Hundertfüßer der Welt, *Scolopendra gigantea*. Dieses gewaltige südamerikanische Exemplar kann bis zu 30 Zentimeter lang werden, und wenn es zubeißt, verspritzt es eine kräftige Dosis Gift. Sein Körper hat zwischen 21 und 23 Segmenten, und jedes Segment ist mit einem Beinpaar versehen, wobei die Beine des vordersten Segments mit Giftdrüsen ausgestattete Klauen sind, sogenannte Maxillipeden. Der Biss eines Riesenläufers verursacht Schwellungen, starke, weithin ausstrahlende Schmerzen und bisweilen auch Nekrosen, also absterbendes Gewebe. Auch Übelkeit und Schwindelgefühle können sich einstellen, doch im Allgemeinen genügt eine schnelle medizinische Versorgung, um die Symptome abzumildern.

Während Menschen den Biss eines Riesenläufers normalerweise überleben, ist er für kleinere Lebewesen wie Echsen, Frösche, Vögel oder Ratten meist tödlich. In Venezuela fand ein Forscherteam einen dieser Riesenläufer kopfüber an einer Höhlenwand hängend, wo er genüsslich eine kleine Fledermaus verspeiste. Nachdem ihnen dieser Anblick mehrfach begegnete, begriffen die Forscher, dass die Riesenläufer sich mit ihren hintersten Beinpaaren festhielten und die Fledermäuse im Flug fingen, was auf eine beunruhigend hoch entwickelte Fähigkeit zu Vorausschau und Planung schließen ließ.

Trotz ihres Namens haben Hundertfüßer keine hundert Beine. Von den Tausendfüßern unterscheiden sie sich dadurch, dass sie nur ein Paar pro Segment haben, nicht zwei. Die genaue Anzahl der Beine variiert von Art zu Art. Und obwohl alle Hundertfüßer beißen, sind die meisten zu klein, um starke Schmerzen auszulösen, und manche haben so kleine, weiche Kieferklauen, dass sie die menschliche Haut gar nicht durchdringen können. (Dennoch sollte man Hundertfüßer nie mit bloßen Händen anfassen.) Der Spinnenläufer *Scutigera coleoptrata* sieht mit seinen 15 merkwürdig langen Beinpaaren zwar furchteinflößend aus, aber sein Biss ist kaum zu spüren. Allerdings ernährt er sich von Bettwanzen, Silberfischchen, Teppichkäfern und Küchenschaben, sodass seine Anwesenheit meist auf eine wesentlich schädlichere Plage hindeutet.

Hundertfüßer besitzen nicht die wachsartige Deckschicht, die manche Insekten vor dem Austrocknen schützt, weshalb sie in feuchten Gebieten leben müssen. Sie atmen durch winzige Öffnungen hinter ihren Beinen, und die Menge an Wasser, die sie dadurch verlieren, erhöht das Risiko, auszutrocknen. Ihr Paarungsverhalten ist überraschend leidenschaftslos: Die Männchen legen ihr Sperma an einer Stelle auf dem Boden ab, wo die Weibchen es bei Interesse aufsammeln müssen. Manchmal stupst ein Männchen ein Weibchen in die Richtung des Spermas, aber davon abgesehen haben sie kaum zärtlichen Kontakt. Dafür bebrütet das Weibchen des Riesenläufers seine Eier, bis die Larven schlüpfen, und verteidigt sie gegen Angreifer wie eine Vogelmutter ihre Jungen.

Wie schmerzhaft der Biss eines Hundertfüßers ist, hängt hauptsächlich von der Größe des Tiers und der entsprechenden Giftmenge ab. Die Menschen im Südwesten der USA fürchten sich mit Recht vor dem *Scolopendra heros*, der etwa 20 Zentimeter lang ist und einen höllischen Biss hat. Ein Militärarzt, der mehrfach von dieser Art malträtiert wurde, berichtete, auf einer Skala von eins bis zehn entspräche der Schmerz der Stärke zehn, und die üblichen schmerzstillenden Medikamente blieben wirkungslos. Nach ein oder zwei Tagen aber klängen die Beschwerden vollständig ab.

Und wie kam der Brasilianische Riesenläufer in das Wohnzimmer des Briten? Zunächst nahmen die Mitarbeiter des Museums an, er wäre vielleicht in einer Obstkiste aus Südamerika eingereist. Doch dann meldete sich der Nachbar des Mannes und gestand, er habe den Riesenläufer in einem Zoogeschäft gekauft und wolle ihn als Haustier behalten. (Sie können bis zu zehn Jahre alt werden, man sollte sich also gut überlegen, worauf man sich einlässt.) Das Monstrum kehrte zu seinem rechtmäßigen Besitzer zurück, und es bleibt zu hoffen, das es keine weiteren Ausflüge in die Nachbarschaft unternimmt.

Familienbande: Weltweit gibt es rund 25 000 Arten von Hundertfüßern; die übrigen Mitglieder der Riesenläufer-Familie kommen vorwiegend in den Tropen vor.

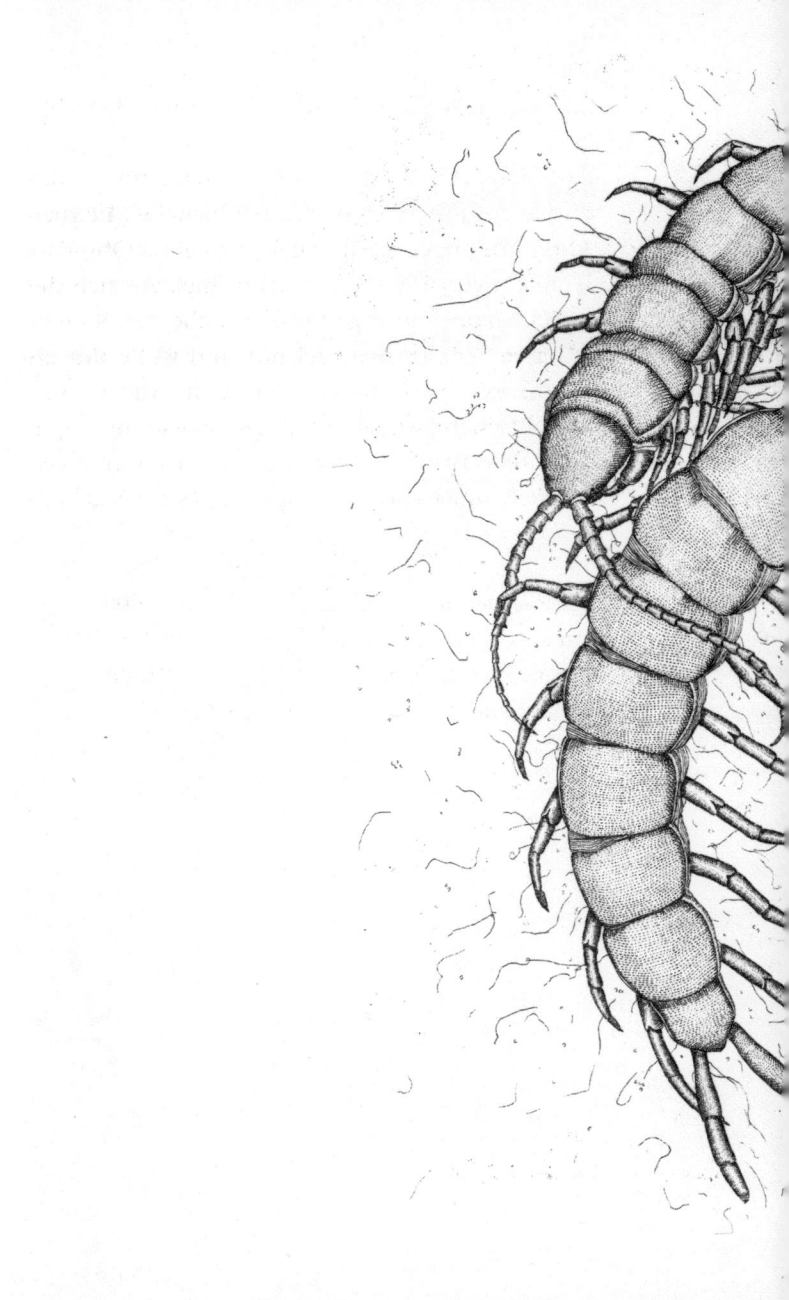

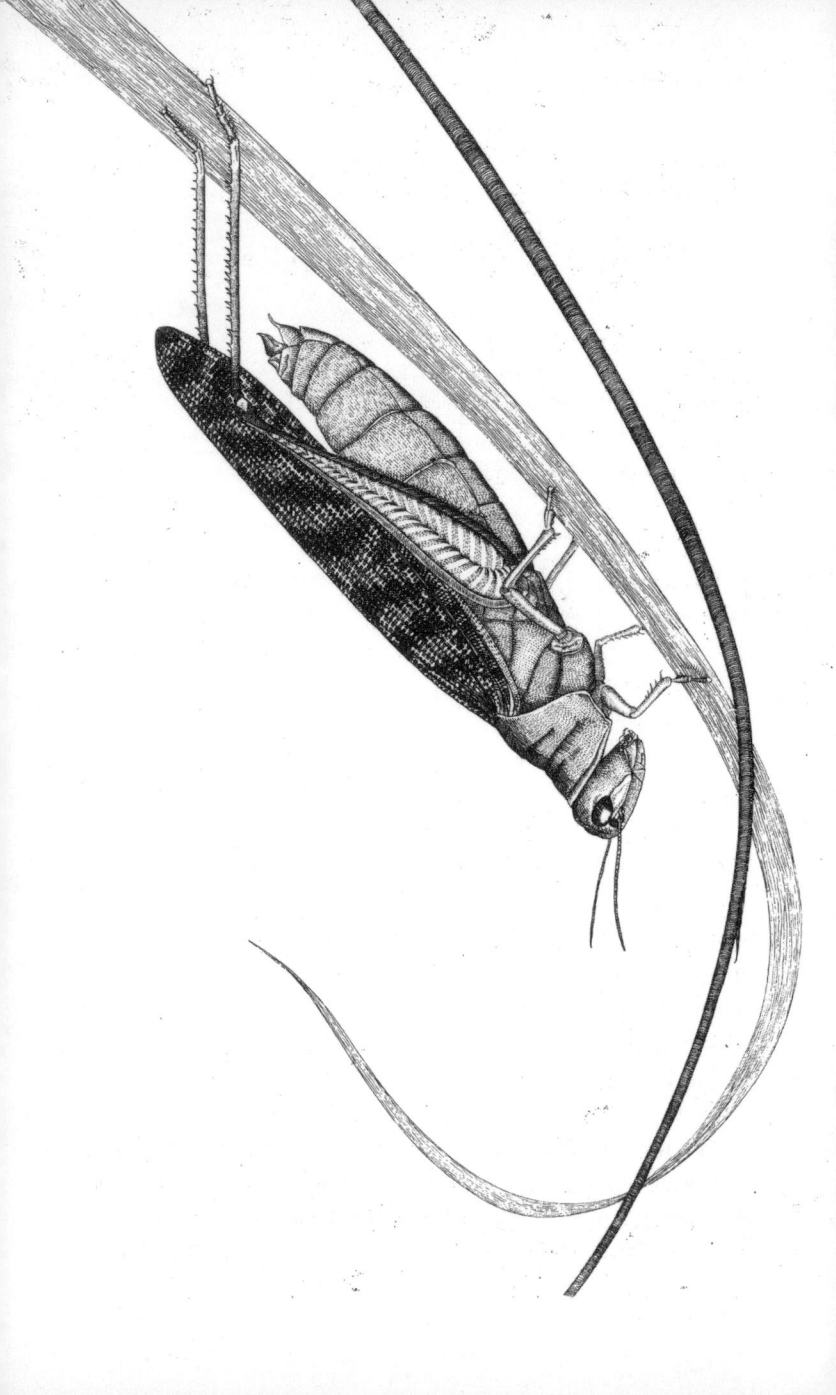

FELSENGEBIRGSSCHRECKE

MELANOPLUS SPRETUS

Größe:	35 mm
Familie:	Acrididae (Feldheuschrecken)
Habitat:	Wiesen und Prärien
Verbreitung:	Westen Nordamerikas

Im Sommer 1875 suchte eine Heuschreckenplage den amerikanischen Westen heim. Entsetzt sahen die Bauern zu, wie eine dunkle Wolke am Horizont aufstieg und auf sie zukam, schneller als jeder Sturm oder Tornado, den sie je gesehen hatten. Die Sonne verdunkelte sich, die Luft war von einem seltsamen Sirren und Knistern erfüllt, und dann ließen sich die Heuschrecken schlagartig nieder.

Alles geschah so schnell, dass Eltern sich ihre Kinder schnappen und in Sicherheit bringen mussten. Die Heuschrecken belagerten jeden Zentimeter der Felder, Häuser und Schuppen, fraßen sämtliche Bäume und Sträucher und drangen sogar ins Innere der Gebäude ein, sodass Wände und Böden von ihnen bedeckt waren. Ihre Zahl schien schier unendlich: Millionen fielen vom Himmel, und weitere Millionen flogen ins nächste und übernächste County.

Die schiere Masse eines solchen Heuschreckenschwarms ist nahezu unvorstellbar. Zeugen berichteten, dass unter der Last ganze Äste abbrachen. Der Boden war von einer 15 Zentimeter dicken Insektenschicht bedeckt. Die Heuschrecken verstopften Flüsse und wurden tonnenweise in den Great Salt Lake geschwemmt, wo sich ein zwei Meter hoher, stinkender Wall aus gepökelten Insektenleichen bildete, der sich zwei Meilen am Ufer entlangzog.

Die Größe dieses monumentalen Schwarms wurde auf etwa 500 000 Quadratkilometer geschätzt – das ist mehr als die gesamte Fläche Kaliforniens und größer als ganz Deutschland –, und er bestand aus ungefähr 3,5 Trillionen Heuschrecken. Sie vernichteten sämtliche Ernten und vermehrten sich mit beängstigender Geschwindigkeit und Effizienz: Auf die Fläche einer Briefmarke passten 150 Eier. Auch wenn nur ein Bruchteil davon überlebte, wurden die Felder der meisten Farmen vollständig kahlgefressen, und in der Erde waren genug Eier vergraben, um 30 Millionen neue Heuschrecken entstehen zu lassen. Als die Larven im Frühjahr schlüpften, sah es aus, als wäre der ganze Boden in Bewegung.

Diese Seuche sorgte überall in den Great Plains für Armut und Hungersnot. Manche Bundesstaaten zahlten Heuschrecken-Prämien an die Bauern – ein paar Dollar für einen Eimer mit Eiern oder Larven –, um das Land von den Insekten zu befreien und den mittellosen Bürgern ein wenig Geld zukommen zu lassen. Ein paar einfallsreiche Bauern kamen auf die Idee, ihre Hühner und Truthähne auf das Gewimmel loszulassen, in der Hoffnung, dass die kostenlose Proteinquelle der Tragödie wenigstens noch etwas Gutes abringen würde. Doch die Vögel stürzten sich auf die Insekten und fraßen sich buchstäblich zu Tode. Obendrein verdarb die Heuschreckendiät ihr Fleisch, sodass sie ungenießbar wurden. Die Bauern zündeten ihre Felder an, tränkten den Boden mit Petroleum und versuchten es mit jedem Gift, das sie auftreiben konnten, doch es half alles nichts. Die Heuschrecken schwärmten immer wieder aus und hinterließen überall Zerstörung und Nahrungsknappheit.

Damals verstand man noch wenig vom Lebenszyklus der Felsengebirgsschrecke, auch Rocky-Mountain-Schrecke genannt. Heute weiß man, dass Heuschrecken im Grunde nichts anderes sind als gestresste Grashüpfer. Ein russischer Insektenforscher namens Boris Uwarow wies um 1920 herum nach, dass bestimmte Arten ganz gewöhnlich aussehender Grashüpfer unter Stress eine bemerkenswerte Verwandlung durchmachen.

Wenn genügend Nahrung vorhanden ist, sind Grashüpfer normalerweise Einzelgänger, die sich über große Gebiete verteilen. In einer Dürreperiode jedoch müssen die Insekten näher zusammenrücken, und diese räumliche Enge bewirkt chemische Veränderungen, durch die die Weibchen völlig andere Eier legen. Die Nymphen, die sich aus diesen Eiern entwickeln, haben längere Flügel, neigen eher dazu, nah beieinander zu leben und in Schwärmen zu fliegen, und legen ihrerseits Eier, die auch längere Phasen der Dormanz überstehen können. Sie verändern sogar ihre Farbe. Kurz gesagt: Eine harmlose, stabile Grashüpferpopulation verwandelt sich in eine wandernde Heuschreckenplage, die alles verschlingt, was ihr in den Weg kommt.

Das erklärt auch, warum die Siedler behaupteten, sie hätten diese Heuschrecken noch nie zuvor gesehen, bevor die gewaltigen Schwärme über sie hereinbrachen, und warum Heuschreckenplagen seit jeher als eine Art göttliche Strafe angesehen werden. Die Plagegeister sind vollkommen neue Wesen, die sich von ganz gewöhnlichen Grashüpfern in größere, bedrohliche Eindringlinge verwandelt haben.

Noch mysteriöser jedoch war ihr plötzliches Verschwinden. Um die Jahrhundertwende herum begannen die Schwärme zu schrumpfen, und irgendwann fiel den Wissenschaftlern auf, dass sie völlig verschwunden waren. Die Felsengebirgsschrecke – der Grashüpfer, der unter dem Namen *Melanoplus spretus* bekannt ist – wurde seit 1902 nicht mehr gesichtet. Während der Weltwirtschaftskrise schwärmten zwar andere Grashüpferarten über dem Westen aus, aber sie waren weder so zerstörerisch noch so zahlreich wie die Felsengebirgsschrecke.

Mittlerweile vermuten die Wissenschaftler, dass die Bauern die Heuschrecke schlicht und einfach durch die Urbarmachung des Landes ausgerottet haben. Indem sie die Prärie in Acker- und Weideflächen umwandelten, zerstörten sie die einzige dauerhafte Brutstätte der Insekten: eine Reihe von fruchtbaren Flusstälern entlang der Rocky Mountains, zu denen die gesamte Population jedes Jahr zur Fortpflanzung zurückkehrte. Allem Anschein nach ist *Melanoplus spretus* ausgerottet – sehr zur Erleichterung der Bauern.

Familienbande: Nicht alle Grashüpfer sind zu dieser Verwandlung in der Lage. Von den rund 11 000 Grashüpferarten werden nur etwa ein Dutzend unter den entsprechenden Bedingungen zu Heuschrecken.

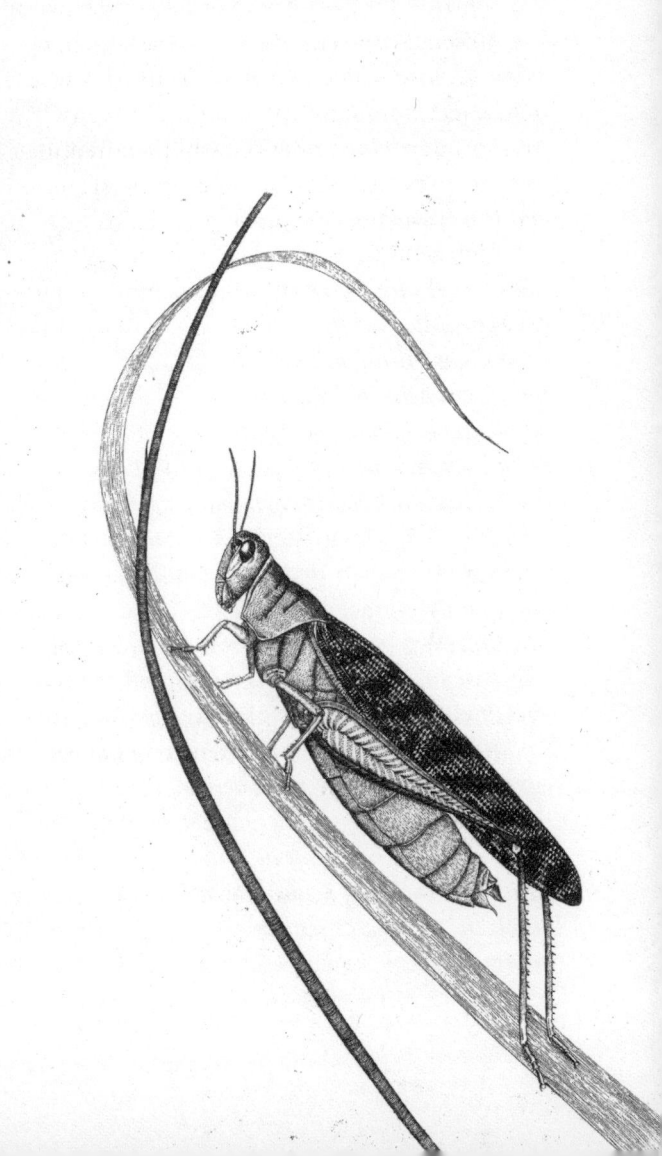

GEFRÄSSIGE GÄSTE

Die Soldaten im Amerikanischen Bürger-
krieg müssen das Gefühl gehabt haben, vor
allem gegen Insekten zu kämpfen. Sie
waren allgegenwärtig, angefangen
von den Läusen in ihren Klei-
dern über die Stechmücken,
die sie mit Malaria und Gelb-
fieber infizierten, bis hin zu den
Käfern, die ihre Rationen fra-
ßen. Die Käfer waren nicht die
gefährlichsten Insekten für die
Soldaten, aber vermutlich die,
die sie am nachhaltigsten ent-
mutigt haben.

Die Soldaten der Nordstaaten hatten sogenannte Hartkekse in
ihrem Gepäck, die aus Mehl, Salz und Wasser bestanden. Sie
waren dick, trocken und nicht besonders lecker, aber dafür
lange haltbar – solange sie vor Feuchtigkeit geschützt wurden,
was unter den gegebenen Umständen nicht einfach war. Und
selbst wenn die Kekse nicht feucht und schimmelig aus der
Packung kamen, waren sie häufig von Käfern befallen. Die
Soldaten entwickelten ihre eigenen Methoden, um die un-
erwünschten Mitesser loszuwerden; eine bestand darin, die
Kekse so lange in Kaffee zu tauchen, bis die Käfer an der Ober-
fläche schwammen, und diese dann mit dem Löffel heraus-
zufischen. Doch oft genug wurden die Käfer einfach Teil der
Mahlzeit. Ein Soldat schrieb: »Alles, was wir an Frischfleisch
bekamen, steckte in den Keksen.« Da er sein Fleisch lieber ge-
gart mochte, röstete er die Kekse, bevor er sie aß.

Die Soldaten scherzten auch oft, dass sie ihre Rationen gar nicht zu tragen bräuchten; das Essen sei so mit Käfern durchsetzt, dass es von allein lief. Doch hinter den Scherzen verbargen sich Kummer und unterschwelliger Zorn. Im August brach auf Galveston Island eine Meuterei unter den Truppen aus, wegen der mangelnden Bezahlung, dem endlosen Drill in der Sommerhitze und vor allem wegen des »sauren, dreckigen, käferverseuchten« Maismehls, das sie essen sollten.

Die Rüsselkäfer, um die es hier geht, sind kleine pflanzenfressende Insekten mit länglichem, nach unten gebogenem Maul (daher auch der Name). Einige von ihnen haben mit ihrem zerstörerischen Verhalten den Lauf der Geschichte beeinflusst.

Kornkäfer   *Sitophilus granarius*

Diese Käferart frisst ein Loch in ein Weizenkorn, legt dort ein Ei ab und versiegelt das Loch mit einem speziellen Sekret. Die Larve lebt bis zur Verpuppung im Innern des Korns, dann frisst der erwachsene Käfer sich nach draußen, um sich zu paaren und den Lebenszyklus fortzusetzen. Dies ist vermutlich die Art, die in den Hartkeksen saß.

Reiskäfer   *Sitophilus oryzae*

Trotz seines Namens macht sich der Reiskäfer nicht nur über Reis her, sondern auch über Mais, Gerste, Roggen, Bohnen und Nüsse. Er stammt ursprünglich aus Indien, ist jetzt aber in Küchen überall auf der Welt zu finden, vor allem in wärmeren Klimazonen. Wie der Kornkäfer gräbt er sich in gelagertes Korn, um seine Eier abzulegen, sodass es schwer bis unmöglich ist, ihn zu entdecken. Mit nur

2 bis 3 Millimetern Länge mischt er sich unerkannt zwischen die einzelnen Körner.

Baumwollkapselkäfer	*Anthonomus grandis*

Dieses kleine braune Insekt, kaum größer als ein Fingernagel, ist vielleicht der berühmteste Käfer der Welt. 1892 überquerte er die Grenze von Mexiko in die Vereinigten Staaten und machte sich alsbald daran, die amerikanische Baumwollernte zu vernichten. Allein in Georgia fiel die Baumwollproduktion von 2,8 Millionen auf 600 000 Ballen. Im Jahr 1922 fraß der Eindringling 6,2 Millionen Ballen Baumwolle. Bevor erfolgreiche Gegenmaßnahmen entwickelt werden konnten, kam die Weltwirtschaftskrise, was dazu führte, dass manche Bauern resignierten und ihr Land aufgaben. Andere nutzten die Gelegenheit, auf andere Anbaupflanzen wie zum Beispiel Erdnüsse umzusteigen, was sich letzten Endes sogar als einträglicher erwies. Aber das veränderte den Süden für immer. Die Stadt Enterprise in Alabama baute dem Baumwollkapselkäfer sogar ein Denkmal zur Erinnerung daran, dass er sie dazu veranlasst hatte, die Baumwolle aufzugeben und zu profitableren Pflanzen zu wechseln.

Seit Beginn des 20. Jahrhunderts hat dieser Käfer die Baumwollbauern 91 Milliarden Dollar gekostet, oder anders gesagt: über 2 Millionen Dollar pro Tag. Ein ganzes Arsenal von Giften wurde gegen den Baumwollkapselkäfer eingesetzt, unter anderem eine Mischung aus Melasse und Arsen, die die Bauern selbst herstellen konnten, gepudertes Kalziumarsenat (auch Kalkarsen genannt) und schließlich DDT und andere Insektizide aus der Zeit nach dem Zweiten Weltkrieg. Doch die Käfer entwickelten bereits

Resistenzen gegen diese Chemikalien, noch bevor sie verboten wurden. Seit 1980 verfolgt das amerikanische Landwirtschaftsministerium ein landesweites Programm zur Ausrottung des Baumwollkapselkäfers, das jeden einzelnen Hektar Baumwolle in den Vereinigten Staaten umfasst – insgesamt sind es 6 Millionen. Dadurch sind mittlerweile 87 Prozent der amerikanischen Baumwollfelder käferfrei, und die Bauern konnten ihren Pestizideinsatz um mindestens die Hälfte verringern.

Pekannussbohrer   *Curculio caryae*

Der Pekannussbohrer tut das, was der Name befürchten lässt: Er bohrt sich in die Früchte des Pekannuss- und Hickorynussbaums und legt seine Eier darin ab. Während ihrer Wachstumsphase fressen die Larven das Innere der Nuss, und wer das Pech hat, eine von diesen Nüssen zu knacken, erblickt eine dicke weiße Made, die sich über den Nusskern hermacht.

Gefurchter Dickmaulrüssler   *Otiorhynchus sulcatus*

Dieser Feind aller Blumengärten ernährt sich von Pflanzen wie Blauregen, Rhododendron, Kamelie und Eibe. Die Käfer sind alle Weibchen, da Männchen für die Fortpflanzung nicht benötigt werden. Sie legen ihre Eier in die Pflanzenwurzeln, die dann von den Larven gefressen werden. Die ausgewachsenen Käfer fressen die Blätter und hinterlassen dabei die typischen halbrunden Spuren am Blattrand (sogenannter Buchtenfraß).

FORMOSA-TERMITE

COPTOTERMES FORMOSANUS

Größe: 15 mm
Familie: Rhinotermitidae
Habitat: in der Erde, in Bäumen, auf Dachböden
                oder ähnlichen Holzkonstruktionen
Verbreitung: Taiwan, China, Japan, Hawaii, Südafrika,
                Sri Lanka und Südosten der USA

Wenn man die Nachrichten der letzten Zeit verfolgt«, sagte der Entomologe Mark Hunter im Jahr 2000, »scheint die Formosa-Termite entschlossen zu sein, das gesamte historische French Quarter von New Orleans zu verspeisen. Die Termiten zerstören mit Teer behandelte Stützpfosten und Anleger, die Schaltkästen unterirdischer Verkehrsleuchten, unterirdische Telefonkabel, ganze Bäume und Sträucher und die Dichtungen von Hochdruck-Wasserleitungen.« Damals prophezeite er, dass diese aus Asien eingeschleppte Termite zur größten Herausforderung im Krieg zwischen Mensch und Insekten zu Beginn des 21. Jahrhunderts werden würde.

Unglücklicherweise bewies fünf Jahre später der Wirbelsturm »Katrina«, dass er damit recht gehabt hatte. Die schlimmste Naturkatastrophe in der Geschichte der Vereinigten Staaten tötete 1833 Menschen, machte 750 000 weitere obdachlos und ist damit verantwortlich für die größte Massenmigration seit den verheerenden Staubstürmen in den Great Plains während der dreißiger Jahre. Die Schäden beliefen sich auf fast 100 Milliarden Dollar. Und als man anfing, New Orleans wiederaufzubauen, stellte sich heraus, dass die Termitenplage, die die Stadt seit Jahrzehnten heimsucht, möglicherweise ihren Teil zu der Zerstörung beigetragen hat. Die Fugen der Hochwassermauern, die die Stadt schützen sollten, bestanden aus Zuckerrohrabfällen, einer Leckerei, der die Formosa-Termite nicht widerstehen kann.

Hätte zumindest ein Teil des Unglücks verhindert werden können? Siebzehn Jahre vor »Katrina« verlor die Formosa-Termite ihren hartnäckigsten Feind. 1989 traf sich Jeffery LaFage, ein Entomologe der Louisiana State University, im French Quarter mit Freunden zum Essen, um den Start seines neuen Programms zur Ausrottung der Termiten zu feiern. Als er nach dem Essen mit einem Freund spazieren ging, überfiel ein Räuber die beiden und erschoss Jeffery. Sein Tod warf die Termitenbekämpfung in dem Gebiet um Jahre zurück.

Sein Kollege Gregg Henderson übernahm die Aufgabe. Bereits fünf Jahre vor »Katrina« warnte er die Behörden, dass die Hochwassermauern von Termiten befallen seien, und musste dann fassungslos zusehen, wie seine schlimmsten Befürchtungen sich bewahrheiteten. »Ich weiß noch, dass ich gerade die Nachrichten sah, als die Mauern und Dämme brachen«, sagte er. »Ich hatte so ein ungutes Gefühl, als ob irgendetwas nicht stimmte.« Dass die Mauern einbrachen, hing zum großen Teil mit Fehlplanungen und mangelnder Instandhaltung zusammen, aber es war nicht zu übersehen, dass auch die Formosa-Termite ihren Anteil daran hatte. Henderson hat seither ein Programm entwickelt, um die Termiten von den Hochwassermauern weg und an Orte zu locken, wo sie leichter gefangen und getötet werden können, aber bisher ist es ihm nicht gelungen, die Behörden für seine Pläne zu interessieren.

Die Formosa-Termiten sind in New Orleans schon seit Jahrzehnten ein Problem. Offenbar sind sie nach dem Ende des Zweiten Weltkriegs an Bord von Schiffen »importiert« worden, die in ihre Heimathäfen zurückkehrten. New Orleans' feuchtes, tropisches Klima und das reichhaltige Angebot an alten Holzhäusern bieten dem Ungeziefer perfekte Lebensbedingungen. Vor allem die Reihenhäuser im French Quarter machen den Termiten das Dasein leicht: Bei jeder Maßnahme, die die Bewohner gegen sie ergreifen, brauchen sie bloß ein Haus weiter zu ziehen. Vor dem Wirbelsturm »Katrina« kosteten die Termitenschäden die Einwohner jährlich etwa 300 Millionen Dollar.

Eine Formosa-Termiten-Königin kann bis zu 25 Jahre alt werden, wohlversorgt mit Nahrung von ihren Arbeiterinnen und umworben vom Termiten-König, dessen einzige Lebensaufgabe darin besteht, sich mit ihr zu paaren. Jeden Tag legt sie Hunderte, wenn nicht gar Tausende von Eiern. Wenn die Larven schlüpfen, werden sie von den Arbeiterinnen gefüttert und wachsen entweder ebenfalls zu Arbeiterinnen heran, die Holz fressen und die Kolonie ernähren, zu Soldaten, die spezielle Verteidigungswaffen einsetzen, um Angreifer zu vertreiben, zu Nymphen, aus denen Ersatz-Königinnen und -Könige werden, oder zu sogenannten »Alatae«, geflügelten Exemplaren, die als Königinnen oder Könige eine eigene Kolonie gründen können. Die Schwärme von Alatae, die von Ende April bis in den Juni hinein um die Straßenlaternen im French Quarter schwirren, sind so dicht, dass sie alles verdunkeln und die Touristen in die Flucht schlagen.

Einige Fachleute der Ungezieferbekämpfung hofften, dass der Wirbelsturm »Katrina« zumindest einen positiven Effekt haben würde, nämlich die massenhafte Vernichtung der Formosa-Termiten. Doch leider ließen sich die Insekten davon nicht beeindrucken. Sie bauten sich »Schutzhütten« aus verdautem Holz, Ausscheidungen und Speichel, die ein kunstvolles Labyrinth aus Gängen und Höhlen umfassten und mehrere Millionen Termiten beherbergen konnten. In diesen Hütten überstanden die meisten Kolonien den Wirbelsturm und die darauffolgende Überflutung trocken und unversehrt. Und nachdem zahllose Haus- und Ladenbesitzer sowohl die Gebäude wie auch jedwede Schädlingsbekämpfungsmaßnahmen aufgegeben haben, sind die Lebensbedingungen für die Termiten besser als je zuvor.

Familienbande: Weltweit sind bisher rund 2800 Termitenarten bekannt.

AMEISENLAUFEN

Justin Schmidt, ein Entomologe, der auf Insektenstiche und -bisse spezialisiert ist, hat den sogenannten Schmidt Sting Pain Index (»Schmidt-Stichschmerz-Index«) erstellt, um die Stärke des Schmerzes einordnen zu können, den Ameisen, Bienen, Wespen und andere stechende oder beißende Lebewesen dem Menschen zufügen. Seine Beschreibungen sind überraschend poetisch:

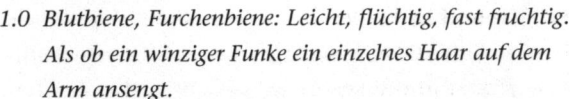

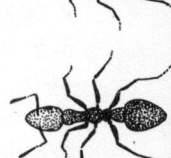

1.0 Blutbiene, Furchenbiene: Leicht, flüchtig, fast fruchtig. Als ob ein winziger Funke ein einzelnes Haar auf dem Arm ansengt.

1.2 Feuerameise: Scharf, plötzlich, ein wenig erschreckend. Als ob man über einen Wollteppich läuft, sich statisch auflädt und einen elektrischen Schlag bekommt.

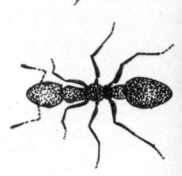

1.8 Knotenameise: Ein ungewöhnlicher, stechender, stärkerer Schmerz. Als ob einem jemand eine Heftklammer in die Wange schießt.

2.0 Langkopfwespe: Kräftig, herzhaft, ein wenig mürbe. Als ob man sich die Hand in einer Drehtür einklemmt.

2.0 Gemeine Wespe: Scharf und rauchig, irgendwie respektlos. Als würde jemand eine Zigarre auf Ihrer Zunge ausdrücken.

2.x Honigbiene und Hornisse: Wie ein abgebrochener, brennender Streichholzkopf, der auf Ihrer Haut verglimmt.

3.0 Ernteameise: Heftig und unerbittlich. Als ob jemand einen Bohrer benutzt, um einen eingewachsenen Zehennagel freizulegen.

3.0 Feldwespe: Ätzend und brennend, mit auffällig bitterem Nachgeschmack. Als würde man einen Becher Salzsäure auf eine Schnittwunde gießen.

4.0 *Tarantulafalke: Lähmend, blendend, wie ein elektrischer Schlag. Als ob jemand einen laufenden Haartrockner in Ihr Schaumbad fallen lässt.*

4.x *24-Stunden-Ameise: Reiner, intensiver, strahlender Schmerz. Als ob man über glühende Kohlen läuft und dabei einen sieben Zentimeter langen, rostigen Nagel in der Ferse stecken hat.*

Ameisen sind unglaublich nützlich, sie zerkleinern organische Materialien, führen dem Boden Nährstoffe zu und dienen als Nahrung für andere kleine Lebewesen. Außerdem haben sie ein erstaunlich hoch entwickeltes Sozialverhalten: Sie leben in komplexen, sehr gut organisierten Kolonien mit Arbeitsteilung, ausgefeilter Kommunikation und der bemerkenswerten Fähigkeit, eine Aufgabe gemeinsam in einer Gruppe auszuführen. Sie führen Krieg, unterhalten Pilzfarmen und bauen aufwendige Nester mit speziellen Kammern für die Nachwuchsbetreuung und andere für ihre Gesellschaft wichtige Funktionen. Doch das Verhalten einiger Ameisen ist nicht nur faszinierend, sondern auch erschreckend und in manchen Fällen äußerst schmerzhaft.

Rote Feuerameise   *Solenopsis invicta*

Diese aus Südamerika stammende Ameisenart bildet Kolonien mit bis zu 250 000 Mitgliedern, die sich von Blattlaussekreten, toten Tieren, Würmern und anderen Insekten ernähren. Sie können die Nester von Vögeln oder Nagetieren überfallen, die Schösslinge ganzer Soja- und Maispflanzenfelder verschlingen und sogar landwirtschaftliche Geräte lahmlegen.

Vor allem mit ihrer Fähigkeit, mechanische und elektrische Anlagen außer Gefecht zu setzen, machen sie den

Menschen das Leben schwer. Sie nagen die Isolierung von Kabeln, Schaltern und Hebeln ab, was dazu führt, dass Traktoren nicht anspringen, Sicherungen rausfliegen und Klimaanlagen streiken. Sie haben schon Ampelausfälle verursacht und sogar das mittlerweile aufgegebene SSC-Teilchenbeschleuniger-Projekt in Texas in Gefahr gebracht. Insgesamt belaufen sich die Schäden, die die Rote Feuerameise jedes Jahr allein in den USA verursacht, auf über zwei Milliarden Dollar.

Doch die meisten Leute fürchten die Ameise vor allem wegen ihres schmerzhaften Bisses. Ungefähr ein Drittel bis die Hälfte aller Menschen, die im Gebiet der Roten Feuerameise leben – und das erstreckt sich von New Mexico bis North Carolina –, werden jedes Jahr gebissen. Wenn Feuerameisen angreifen, meistens weil jemand versehentlich auf eine Kolonie tritt, beißen sie fest zu und spritzen dann ihr Gift in die Haut, was sofort einen stechenden Schmerz auslöst. Wenn die Ameise nicht weggefegt wird, beißt sie rund um die erste Stelle noch mehrmals zu, was zu einer ringförmigen, geröteten Schwellung mit einer weißen Pustel in der Mitte führt.

Ein heftiger Angriff, verbunden mit dem Kratzen, das oftmals darauf folgt, kann zu einer Entzündung führen und Narben hinterlassen. Leute, die auf Baustellen oder in Gärten und Parks arbeiten, riskieren Hunderte von Bissen auf einmal, wenn sie auf eine Kolonie stoßen, und damit eine starke Schwellung von Armen oder Beinen, die manchmal vier bis fünf Wochen anhält. 2006 starb eine Frau in North Carolina bei der Gartenarbeit an einem solchen Angriff, weil sie einen anaphylaktischen Schock erlitt, wie es auch bei Bienenstichen geschehen kann.

Alle Versuche, die Feuerameisen einzudämmen, sind

so teuer, aufwendig und erfolglos gewesen, dass der Biologe O. E. Wilson sie als das »Vietnam der Entomologie« bezeichnet. Chemische Sprays haben lediglich die Konkurrenz ausgeschaltet, sodass sich die Feuerameisen noch besser ausbreiten konnten. In Australien werden sie mittlerweile vom Hubschrauber aus bekämpft: Man setzt Wärmesensoren ein, um die riesigen Ameisenhügel zu finden, und spritzt die Pestizide dann gezielt hinein.

Treiberameisen	*Dorylus sp.*

Wenn Treiberameisen hungrig sind, ziehen sie los. In führerlosen Schwärmen wandern sie durch Dörfer in Zentral- und Ostafrika und mähen alles nieder, was sich ihnen in den Weg stellt. Ein solcher Schwarm besteht aus bis zu 20 Millionen Ameisen – genug, um Tunnel zu graben, wo es nötig ist, und Grashüpfer, Würmer, Käfer und sogar Schlangen oder Ratten zu überwältigen. Da diese etwa einen Zentimeter großen Ameisen mitten durch Dörfer und sogar durch Häuser marschieren, müssen die Bewohner bisweilen vorübergehend ausziehen. Das ist zwar lästig, hat aber den positiven Nebeneffekt, dass dabei Küchenschaben, Skorpione und anderes Ungeziefer vernichtet werden.

Eine Archäologin, die 2009 in Ruanda die Skelette von Gorillas ausgrub, um Forschungen zur Evolution durchzuführen, stellte eines Morgens beim Aufwachen fest, dass der gesamte Ausgrabungsort von Treiberameisen überlaufen war. »Nur damit du Bescheid weißt«, sagte eine ihrer Kolleginnen, »den Tag können wir abhaken.« Die Wissenschaftlerinnen zogen Schutzkleidung an und hielten sich so weit wie möglich von dem Schwarm fern. Am Abend hatten die Ameisen sich satt gegessen und waren weitergezogen. Als die Forscher an den Ausgrabungsort zurückkehrten, stellten sie fest, dass die Treiberameisen ihnen einen Gefallen getan und sämtliche anderen Insekten aus dem Boden verspeist hatten, sodass die Skelette sauber und unbeschädigt waren.

24-Stunden-Ameise *Paraponera clavata*

Diese südamerikanische Ameisenart heißt so, weil ihr Biss heftige, glühende Schmerzen auslöst, die etwa einen Tag lang anhalten. In den ersten Stunden sind sie kaum auszuhalten, dann lassen sie allmählich nach; es kann aber auch mehrere Tage dauern, bis sie ganz verschwunden sind. Manche können den Körperteil, der gebissen wurde, eine Zeit lang nicht bewegen, andere berichten von Übelkeit, Schweißausbrüchen und unkontrolliertem Zittern.

Der britische Naturforscher und Fernsehstar Steve Backshall setzte sich in Brasilien bei den Dreharbeiten zu einem Dokumentarfilm mutwillig dem Biss der 24-Stunden-Ameise aus. Er schloss sich Mitgliedern des Satere-Mawe-Stammes an, um an einem Initiationsritual teilzunehmen, bei dem man unter anderem zehn Minuten lang von einem Schwarm dieser Ameisen gebissen wurde. Der Schmerz war so schlimm, dass er sich schreiend und weinend am Boden wand. Kurz darauf verlor er aufgrund der starken Nervengifte fast das Bewusstsein. »Hätte ich eine Machete gehabt«, erzählte er später den Reportern, »hätte ich mir den Arm abgehackt, um den Schmerz loszuwerden.«

Argentinische Ameise   *Linepithema humile*

Diese winzige, dunkelbraune Ameisenart lebt in Mega-kolonien, die sich über Hunderte von Meilen erstrecken können.

Die nur drei Millimeter großen Ameisen sind erstaun-lich aggressiv. Sie beißen zwar keine Menschen, haben aber in den USA schon Kolonien von einheimischen Ameisen ausgelöscht, die zehnmal so groß waren wie sie. Doch die bevorzugte Nahrungsquelle der Argentinischen Ameise ist nicht etwa Ameisenfleisch, sondern Honigtau, das süße Sekret von Blatt- und Schildläusen. Um sicherzugehen, dass diese Schädlinge genug Honigtau produzieren, hegen und pflegen die Ameisen sie, beschützen sie, während sie sich über Rosensträucher, Zitrusbäume und andere Pflan-zen hermachen, und tragen die Läuse sogar umher, damit sie genug zu fressen bekommen.

Die Auswirkungen, die diese massive Ausbreitung der Argentischen Ameise – von denen Millionen unter einem einzigen Einfamilienhaus leben können – auf das Gleich-gewicht der Natur hat, sind kaum vorstellbar. Sie haben andere Ameisenarten, Termiten, Wespen, Bienen und so-gar Vögel vertrieben und ganze Ernten vernichtet. Sie ge-hen unglaublich organisiert, geradezu militärisch vor und bekriegen sich niemals untereinander.

Mittlerweile haben Entomologen herausgefunden, dass die gesamte Population Argentinischer Ameisen, die sich von San Diego bis in den Norden Kaliforniens erstreckt, eine einzige gigantische Kolonie genetisch verwandter Tiere ist. In Europa existiert eine ähnliche Kolonie entlang der gesamten Mittelmeerküste, und auch in Australien und Japan gibt es solche Megakolonien. Die Mitglieder all dieser Kolonien sind so eng miteinander verwandt und so unwillig, gegeneinander zu kämpfen, dass man sie fast als eine einzige globale Megakolonie ansehen muss, die wie eine Einheit funktioniert und ein gemeinsames Ziel verfolgt.

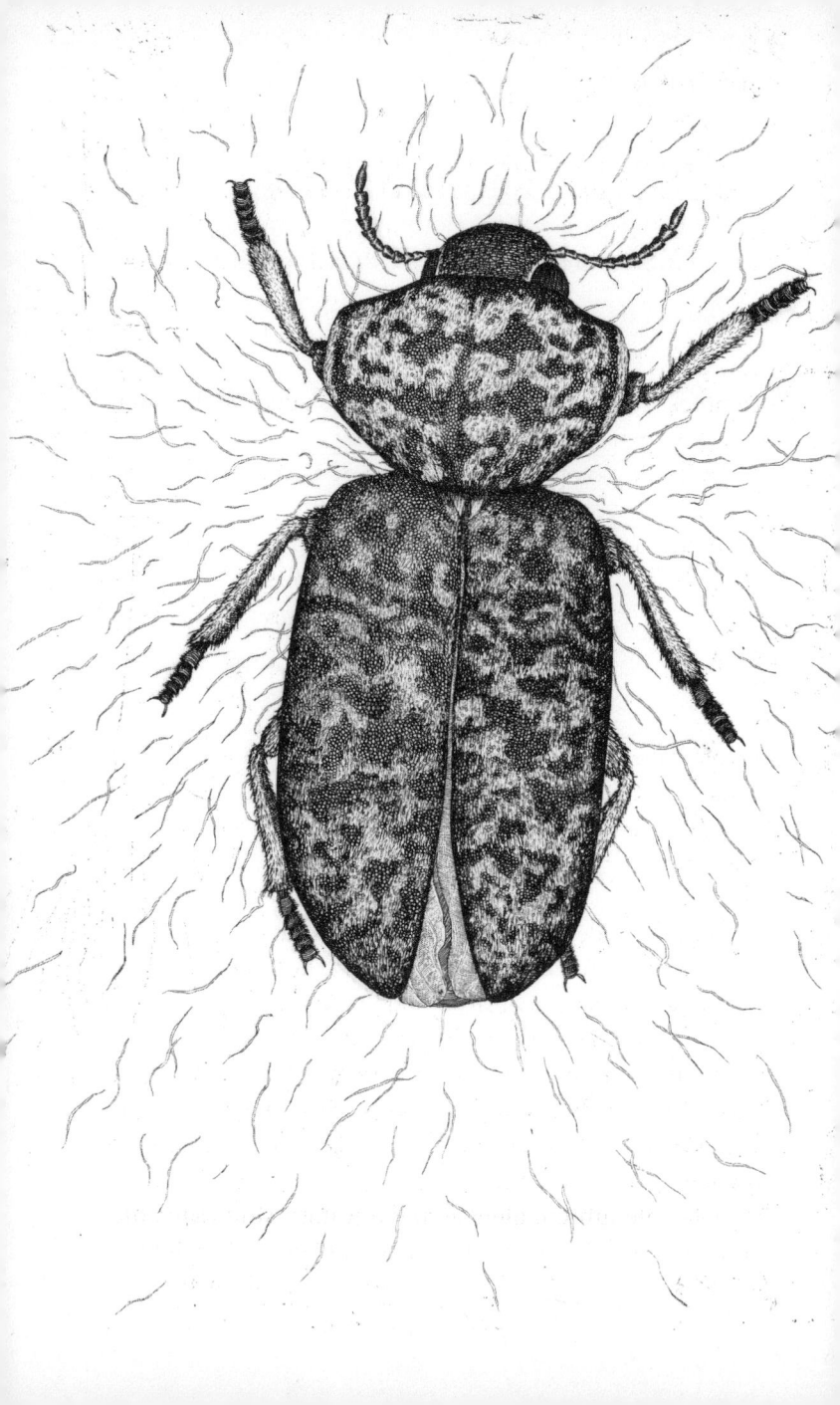

GESCHECKTER NAGEKÄFER

XESTOBIUM RUFOVILLOSUM

Größe: 7 mm
Familie: Anobiidae (Nagekäfer, auch Poch- oder
                    Klopfkäfer genannt)
Habitat: moderndes Holz im Wald oder Holz-
                    balken in alten Häusern
Verbreitung: Diese spezielle Art lebt in England; seine
                    Verwandten kommen auch in anderen
                    europäischen Ländern, Nordamerika und
                    Australien vor.

»Nun, sage ich, vernahm mein Ohr ein leises, dumpfes,
schnelles Geräusch, ein Geräusch wie das Ticken einer
Uhr, die man mit einem Tuch umwickelt hat. Auch diesen
Laut kannte ich gut. Es war des alten Mannes Herz, das so
schlug.«

So spricht der Wahnsinnige in Edgar Allen Poes gruse-
liger Geschichte *Das verräterische Herz*. Er beschreibt, wie
sein Opfer in der Nacht stöhnt, als es den Tod nahen hört.
Und was war das für ein Geräusch, das den alten Mann –
und seinen Mörder – des Nachts wachhielt? »Er saß noch
aufrecht im Bett und horchte – gerade so, wie ich Nacht
um Nacht auf das Ticken der Totenuhren an den Stuben-
wänden gehorcht habe.«

Die Totenuhren, die Poe hier erwähnt, sind Käfer, die
in den Balken alter Häuser sitzen und Löcher hineinfres-

sen. Und das Ticken entsteht, wenn die Männchen mit dem Kopf gegen das Holz schlagen, um die Weibchen anzulocken.

Francis Grose, der Ende des 18. Jahrhunderts ein Nachschlagewerk mit dem Titel *A Provincial Glossary; with a Collection of Local Proverbs, and Popular Superstitions* verfasste, nahm den Käfer in seine Liste von »Omen, die den Tod ankündigen« auf. Diese Liste umfasst außerdem zum Beispiel Dinge wie das Heulen eines Hundes, ein Kohlenstück in der Form eines Sarges oder einen Säugling, der nicht schreit, wenn er mit Taufwasser bespritzt wird. Auch der Käfer war ein Zeichen, dass der Tod nahte: »Das Ticken der Totenuhr ist ein Todesomen in dem Haus, worin es zu hören ist.«

Dieser alte Aberglaube hielt sich hartnäckig. Nehmen Sie zum Beispiel Tom Sawyers langes nächtliches Warten auf Huck Finn, der mit ihm zum Friedhof gehen will: »Nach und nach drängten aber aus dieser Stille kleine, kaum vernehmbare Geräusche. Das Ticken der Uhr ließ sich vernehmen. Alte Balken begannen geheimnisvoll zu knacken. Die Treppenstufen knarrten leise. Offenbar trieben sich Geister herum. Ein gleichmäßiges, gedämpftes Schnarchen kam aus Tante Pollys Schlafzimmer. Und jetzt setzte das Zirpen eines Heimchens ein, von dem kein Mensch festzustellen vermochte, woher es kam. Als nächstes brachte das gräßliche Ticken einer Totenuhr in der Wand am Kopfende von Toms Bett ihn zum Schaudern – es bedeutete, das jemandes Tage gezählt waren.«

Doch der morbide Liebesruf des Gescheckten Nagekäfers, dieses unauffälligen graubraunen Krabblers, ist bei Weitem nicht seine unangenehmste Eigenschaft. Vor allem seine Larven fressen sich mit Vorliebe durch feuchtes Holz, wobei sie zahllose kleine Eintritts- und Austrittslöcher hinterlassen, die mit sägemehlähnlichem Staub gefüllt sind. Am liebsten mögen sie Hartholz, das bereits von Pilzen besiedelt ist – was erklärt, warum prachtvolle alte Eichenholzbauten in England für sie so verlockend sind. Die berühmte Bodleian Library in Oxford beispielsweise brauchte vor Kurzem ein neues Dach, um die kunstvoll bemalte und geschnitzte Decke vor der Zerstörung durch diese gefräßigen Kreaturen zu retten. Gelegentlich findet man den Gescheckten Nagekäfer auch in Büchern und schweren antiken Möbeln. Unter idealen Umständen wird er fünf bis sieben Jahre alt und verbringt seine Zeit damit, Häuser, Kirchen und Bibliotheken auszuhöhlen und schlaflose Menschen in den Wahnsinn zu treiben.

Eine Entomologin, die 1861 einen Artikel für das *Harper's Magazine* schrieb, traf es vielleicht am besten, als sie einen Besuch bei einer Freundin auf dem Land schilderte: »In der ersten Nacht fürchtete ich, noch vor dem Morgengrauen verrückt zu werden. Die Wände des Schlafzimmers waren tapeziert, und aus ihnen stieg ein Geräusch wie von tausend Uhren – tick, tick, tick … Endlich kam die ersehnte Dämmerung, und ich ging schon früh hinunter in die Bibliothek. Doch auch hier lärmte in jedem Buch, in jedem Regal das unablässige Tick, Tick, Tick … Das Haus war wie eine riesige Uhr, mit Tausenden von Pendeln, die von morgens bis abends tickten. Ich gab mir große Mühe, die anderen nicht mit meinem Unbehagen zu verstimmen. Ich dachte mir, was sie ertragen konnten, konnte ich auch ertragen; und nach ein paar Tagen verwandelte sich das lästige, gefürchtete Ticken regelrecht in eine Notwendigkeit.«

Familienbande: Der Tabakkäfer, *Lasioderma serricorne*, der Brotkäfer, *Stegobium paniceum*, und einige andere Käferarten, die sich bevorzugt über Möbel, Bücher und Nahrungsvorräte hermachen, sind verwandt mit dem Gescheckten Nagekäfer.

BÜCHERWÜRMER

Durch Seiten voll gelehrter Schrift
Ihr Maden, fresst euch behände
Doch wahrt der Herrschaft Feingefühl
Und schont die goldgebundenen Bände

Robert Burns schrieb diese Zeilen in einem Gedicht mit dem Titel »Die Bücherwürmer«. In Wirklichkeit aber gibt es keine Würmer, die Bücher fressen. Selbst in der schimmligsten Bibliothek wären die Seiten eines Buches immer noch viel zu trocken, um einem so feuchtigkeitsbedürftigen Tier wie einem Wurm zu schmecken. Eine echte Gefahr für Bücher hingegen sind diverse Arten von Läusen, Käfern, Faltern, Asseln und anderen gefräßigen Insekten, die von den erstaunlich nahrhaften Objekten in Bücherregalen angelockt werden.

Was für ein köstliches Büfett so ein Buch sein kann! Denken Sie nur einmal an all die natürlichen Zutaten, die bei der Herstellung von Büchern verwendet werden: Papier aus Baumwolle, Reis, Hanf oder Holzfasern; Einbände aus Leder, Holz oder Stoff; Bindungen aus Kleister, Leim und Fäden. Sehr alte Bücher, die aus Pergament – also aus Tierhaut – hergestellt wurden, sind eine besondere Leckerei für aasfressende Insekten.

Im Lauf der Jahre wurde mit allen möglichen Substanzen versucht, die Bücher von diesen Plagegeistern zu befreien, unter anderem Kreosot, Zedernöl, Zitrusblätter, Cyanwasserstoff (umgangssprachlich Blausäure) und Quecksilberchlorid, eine hochgiftige chemische Verbindung. Heutzutage *benutzen einige Bibliotheken Tiefkühlmethoden, um ihre wertvollen Sammlungen von Ungeziefer zu befreien, ohne chemische Rückstände zu hinterlassen.*

Die beste Anregung zu dem Thema jedoch hatte Lukian von Samosata, ein griechischer Satiriker aus der Zeit um 160 v. Chr., der sich ausgiebig über den »ignoranten Buchsammler« ausgelassen hat. Er fand, dass jeder, der Bücher nicht sammelte, um sie zu lesen, sondern um Eindruck zu schinden, eine Insektenplage verdient hätte: »Was tut er denn anderes, als Schlupfwinkel für Mäuse und Würmer zu kaufen?« Erasmus von Rotterdam, der berühmte niederländische Humanist des 15. und 16. Jahrhunderts, schlug in dieselbe Kerbe, als er schrieb: »Um Bücher zu erhalten, muss man sie benutzen.«

Bücherlaus   *Trogium pulsatorium* und andere

Das Lebewesen, das am häufigsten für die Schäden an Büchern verantwortlich gemacht wird, ist die Bücherlaus. Ihr Name ist allerdings irreführend – echte Läuse ernähren sich von Warmblütern, nicht von Literatur –, und sie frisst kein Papier. Dieses farblose, fast unsichtbare Insekt wird von den Schimmelpilzen angelockt, die in schlecht gepflegten Bibliotheken gedeihen. Beim Fressen werden gelegentlich auch die Seiten beschädigt, aber der eigentliche Schaden entsteht dadurch, dass man die Bücher vermodern lässt.

Gemeiner Speckkäfer   *Dermestes lardarius*

Dieser Käfer, wie auch andere Mitglieder der Speckkäfer-Familie, frisst Hautschuppen von toten Tieren und Menschen, außerdem sucht er gerne Vorratskammern nach Schinken, Speck und anderen Arten von Räucherfleisch ab. In Museen kann er große Schäden an Insektensammlungen, Büffelhäuten und ausgestopften Vögeln anrichten, aber einige Kuratoren setzen sie auch gezielt zu ihren Zwecken ein. So hat ein Verwandter des Gemeinen Speckkäfers, der Dornspeckkäfer, *Dermestes vulpinus* (auch: *D. maculatus*), in Museen eine einträgliche Stellung gefunden: Er säubert Tierkadaver von Fleischresten, damit die Skelette ausgestellt werden können. Ein Kurator des Chicagoer Field Museum berichtete vergnügt, ein hungriger Haufen Dornspeckkäfer könne eine tote Maus innerhalb weniger Stunden bis auf die Knochen verspeisen, während sie für einen Waschbärkadaver ungefähr eine Woche bräuchten. »Wir geben ihnen freie Kost und Logis, und sie geben uns ein sauberes Skelett«, sagte er.

In Bibliotheken nagen diese Aasfresser Löcher in Ledereinbände und legen ihre Eier in den Buchrücken oder sogar zwischen die Buchdeckel zweier nebeneinanderstehender ledergebundener Bücher. Nach ungefähr sechs Tagen schlüpfen die Larven, die sich dann direkt einen Tunnel in die Seiten fressen, um einen ruhigen, geschützten Ort für ihre Verpuppung zu haben. Diese Tunnel sehen aus wie Wurmlöcher, daher rührt vermutlich der Begriff »Bücherwurm«.

Silberfischchen	*Lepisma saccharina*

Robert Hooke, ein englischer Naturwissenschaftler aus dem 17. Jahrhundert, nannte das Silberfischchen »einen der Zähne der Zeit«, denn es kann Antiquitäten stark beschädigen. Hooke schrieb, dieses schmierige, ein bis zwei Zentimeter lange, flügellose Insekt sei »sehr vertraut mit

Büchern und Papieren und vermutlich der Verursacher jener Löcher in den Seiten und Einbänden«. In der Tat ernähren sich Silberfischchen von Kohlehydraten, sprich: vom Zucker und von der Stärke, die in fast allem enthalten sind, insbesondere im Kleber, im Papier und in den Einbandstoffen. Außerdem mögen sie den Geschmack von Shampoos, Seifen und Rasierschaum, weshalb sie so oft in Badezimmern zu finden sind.

Brotkäfer	*Stegobium paniceum*

Entomologen nennen diesen Käfer wegen seines vielfältigen und auserlesenen Geschmacks einen »Kosmopoliten«: Er mag Bücher und Leder, antike Möbel, Schokolade, Gewürze und verschreibungspflichtige Medikamente einschließlich Opium. Der winzige, rötliche Käfer, der kaum größer ist als ein Floh, ist ein erklärter Feind von kostbaren Büchersammlungen, Museen und Apotheken. Einmal hat er die Huntington Library in Südkalifornien heimgesucht, woraufhin ganze Lastwagenladungen von Büchern in einen Spezialcontainer gebracht und mit einer Mischung aus Ethylenoxid und Kohlendioxid begast werden mussten, um die Käfer samt ihren Larven und Eiern zu töten.

Bücherskorpion	*Chelifer cancroides*

Um 340 v. Chr. schrieb Aristoteles in seiner *Historia Animalium*: »In Büchern findet man auch andere kleine Tierchen; manche ähneln den Maden, die in Kleidern sitzen, andere winzigen, schwanzlosen Skorpionen.« Vermutlich meinte er damit den Bücherskorpion, ein seltsames kleines Spinnentier, das zwar nicht zu den echten Skorpionen gehört, aber ein Paar gefährlich aussehende Scherenarme besitzt, die denen eines Skorpions oder Hummers ähneln. Der Bücherskorpion ist kaum einen halben Zentimeter groß, und auch wenn es zunächst beunruhigend ist, einen von ihnen zwischen den Buchseiten zu finden, braucht man sich keine Sorgen zu machen, denn er ernährt sich von Bücherläusen, Mottenlarven, Käfern und anderen Insekten, die eine weit größere Gefahr für literarische Sammlungen darstellen als er.

Gemeiner Nagekäfer	*Anobium punctatum*

Jeder Feind von Bücherregalen ist auch ein Feind von Büchern. Dieser holzfressende Käfer richtet seinen Schaden im Larvenstadium an. Während die Larven in der Natur meist nur einen Sommer überleben, gedeihen sie in einer schönen, ruhigen Bibliothek prächtig, fressen sich zwei bis drei Jahre lang durch die Regale und stöbern in den Büchern nach Bindungen mit Papp- oder Holzrücken. Wenn sie sich dann an der Sammlung eines Bücherliebhabers dick und rund gefuttert haben, bauen sie sich eine Verpuppungshöhle, aus der sie sechs Wochen später als ausgewachsene Käfer herauskrabbeln – kaum einen halben Zentimeter groß, aber bereit, sich zu paaren, Eier abzulegen und den Zyklus fortzuführen. Die Jüdische National- und Universitätsbibliothek in Israel entdeckte 2004 den Käfer in ihrer Sammlung, das Archiv mit Albert Einsteins Briefen und Papieren hatte er aber glücklicherweise verschont.

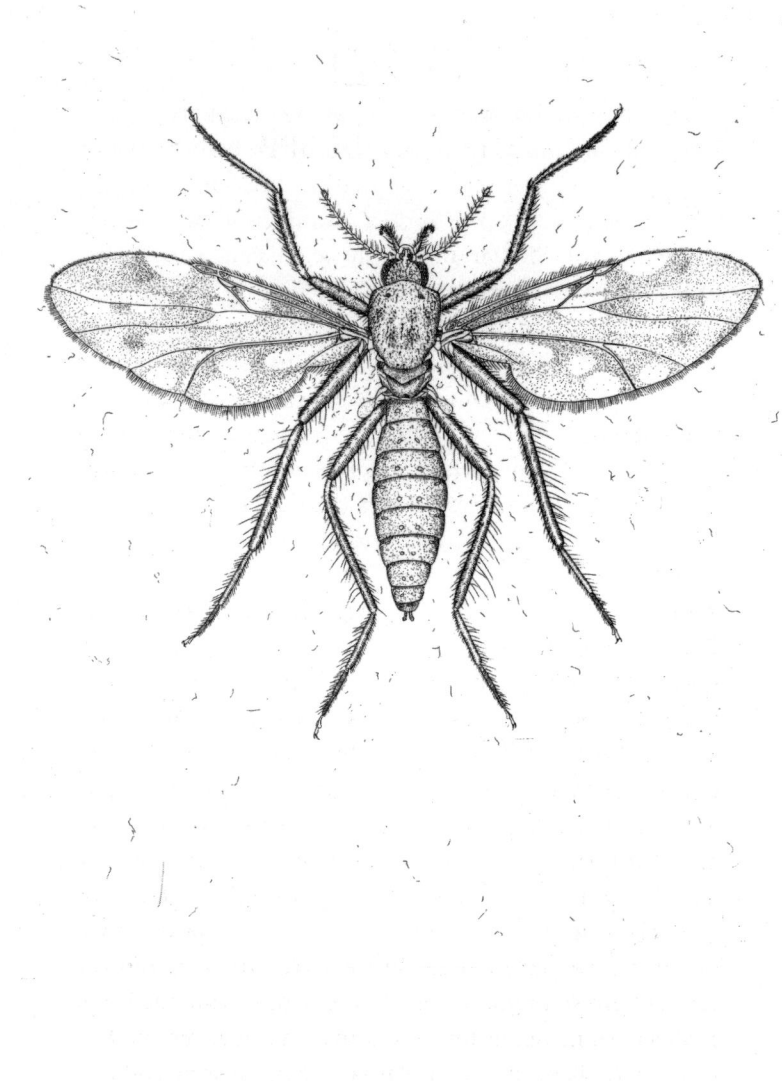

GNITZE

CULICOIDES SPP.

Größe:	1–3 mm
Familie:	Ceratopogonidae
Habitat:	in der Nähe von Stränden, Seen, Sümpfen und in anderen Feuchtgebieten; am aktivsten in feuchten, warmen Regionen
Verbreitung:	vor allem in Nord- und Südamerika, Australien und Europa, aber auch in anderen Gegenden überall auf der Welt

Eine Gnitze ist eine entomologische Kuriosität, tausend von ihnen sind die Hölle!« So formulierte es der Wissenschaftler D. S. Kettle aus Queensland. Er muss es wissen, denn die Gnitzen sind in diesem Teil von Australien eine solche Plage, dass sie sogar die Immobilienpreise drücken: Einer Studie aus dem Jahr 2006 zufolge ist dieses winzige, blutsaugende Ärgernis dafür verantwortlich, dass die Grundstückspreise in einer äußerst beliebten Gegend am Rand von Hervey Bay in den Keller fielen, weil die neu gebauten Häuser, die an einen Mangrovensumpf grenzten, von den Insekten heimgesucht wurden. Die Gnitzen waren dort ein so dramatisches Problem, dass wütende Hausbesitzer – zum Teil unter Gewaltandrohung gegen die Mitarbeiter der Behörde – zum Rathaus marschierten und eine Lösung forderten. Also wurde ein Gnitzen-Untersuchungsausschuss gegründet, um gegen die Plage vorzugehen.

Nach einem Bericht des Ausschusses war das Leben mit den Gnitzen eine derartige Strapaze, dass sogar Ehen daran zerbrachen – vermutlich weil die Paare gezwungen waren, sich überwiegend im Haus aufzuhalten, anstatt den Nachmittag entspannt auf dem Golfplatz zu genießen. Schließlich klügelte die Gemeinde ein Ausrottungsprogramm mit Insektensprays aus, das die Gnitzen und Stechmücken vernichtete, den Vorschriften der australischen Umweltbehörde entsprach und die wütenden Hausbewohner besänftigte.

Gnitzen sind winzige Mücken, die sich gerne zuhauf an Stränden und Seen versammeln und Urlaubern mächtig den Spaß verderben können. Bisweilen werden sie mit Sandmücken verwechselt, aber die gehören zu einer anderen Familie.

Gnitzen sind faul; sie ritzen die Haut des Opfers ein und trinken das austretende Blut, anstatt mühsam nach einem Blutgefäß zu suchen. Ihr Biss kann zu einer allergischen Reaktion führen, die hässliche, stark juckende rote Quaddeln hervorruft. Diese Reaktion wird manchmal Süße Krätze oder Queensland-Krätze genannt. Nur die Gnitzenweibchen beißen, aber auch die Männchen umschwirren die Menschen ständig, weil sie darauf warten, dass die Weibchen zum Abendessen erscheinen. Dadurch haben ihre Opfer den Eindruck, pausenlos angegriffen zu werden.

Camper, Golfer und Strandbesucher entlang dem Golfstrom und der Atlantikküste leiden schon seit Langem unter den sommerlichen Attacken der Gnitzen. Die schottische Highland Midge, *Culicoides impunctatus*, ist so aggressiv, dass sie die Touristen während der Sommermonate von den berühmten Sümpfen und Seen fernhält. Eine dort ansässige Firma für Schädlingsbekämpfung entwickelte sogar eine spezielle Gnitzen-Vorhersage anhand der Wetterlage und legt den Besuchern nahe, ihre Ausflüge danach auszurichten.

Während die Gnitzen in Nordamerika nicht als Krankheitsüberträger gelten, wird in Brasilien und rund um den Amazonas sowohl von den Gnitzen wie auch von den Stechmücken das sogenannte Oropouche-Fieber übertragen, das dem Denguefieber sehr ähnlich ist und schwere grippeähnliche Symptome hervorruft, in der Regel aber ohne Folgeschäden überstanden wird. In einigen Teilen von Brasilien lassen sich bei bis zu 44 Prozent der Bevölkerung Antikörper gegen das Virus im Blut nachweisen.

Durch einen Gnitzenbiss kann auch ein parasitärer Fadenwurm der Gattung *Mansonella* übertragen werden; die winzigen Würmer hausen meist unbemerkt im menschlichen Körper, was die Diagnose erschwert, aber andererseits eine Behandlung nicht allzu dringend macht. Wissenschaftler haben kürzlich herausgefunden, dass die Fadenwürmer auf reichhaltige Bakterienpopulationen in ihren Eingeweiden angewiesen sind. Nachdem man den Patienten in einem westafrikanischen Dorf Antibiotika verabreicht hatte, wurden diese Bakterien getötet, und die Fadenwürmer starben daraufhin ebenfalls. Doch da die Erkrankung vergleichsweise harmlos ist und lediglich Juckreiz, Ausschlag und Müdigkeit hervorruft, ist es unwahrscheinlich, dass im großen Rahmen Antibiotika ausgegeben werden, um die Menschen von den Parasiten zu erlösen.

Gefährlicher sind die Gnitzen für das Vieh überall auf der Welt, da sie die sogenannte Blauzungenkrankheit übertragen, die zu schwerem Fieber, Schwellungen an Gesicht und Maul und der charakteristischen Blaufärbung der Zunge führt. Aufgrund der Wanderfreudigkeit der Gnitzen hat sich die Krankheit mittlerweile fast weltweit ausgebreitet und erobert zusehends auch kühlere Zonen, da die Gnitzen – möglicherweise aufgrund des Klimawandels – selbst immer weiter nach Norden ziehen.

Familienbande: Gnitzen gehören zu den Mücken und sind daher mit Kriebelmücken, Stechmücken und zahlreichen anderen blutsaugenden Plagegeistern verwandt. Weltweit gibt es ungefähr 4000 Gnitzenarten.

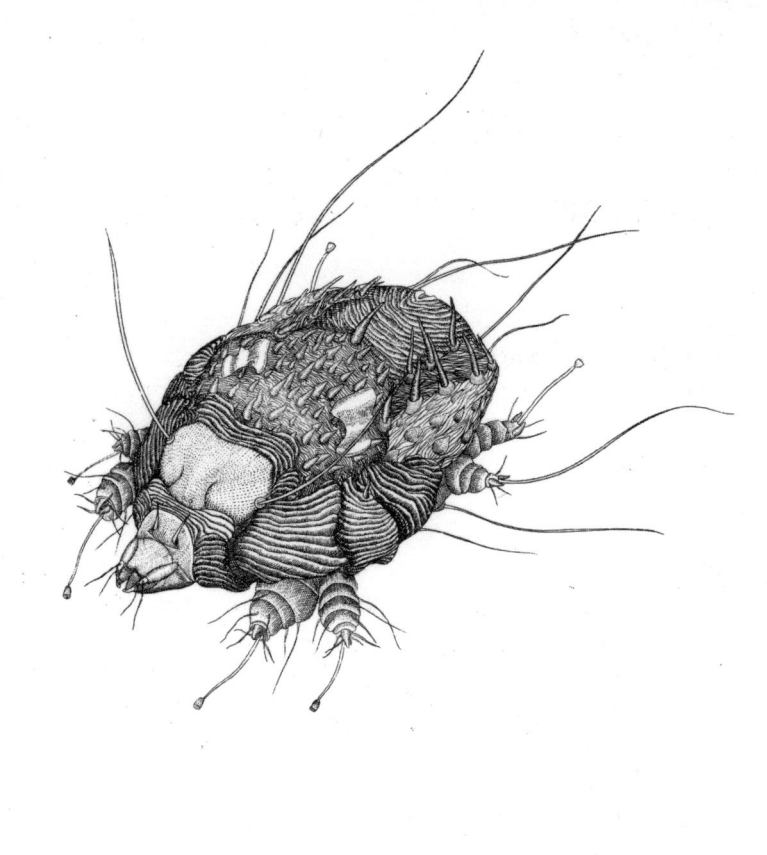

GRABMILBE

SARCOPTES SCABIEI *VAR.* HOMINIS

Größe: bis 0,45 mm
Familie: Sarcoptidae (Krätzemilben)
Habitat: auf ihrem Wirt oder in seiner unmittel-
                 baren Nähe
Verbreitung: weltweit

Dr. Francesco Carlo Antommarchi war einer der letzten Ärzte von Napoleon Bonaparte während dessen Exil auf Sankt Helena. Sein schwieriger und anspruchsvoller Patient hatte im Lauf der Jahre an einer Vielzahl von Krankheiten gelitten, unter anderem an Verdauungsproblemen, Leberentzündung und einem mysteriösen Ausschlag. Am 31. Oktober 1819, nur anderthalb Jahre vor Napoleons Tod, hielt der Arzt folgende seltsame Szene fest:

»Der Kaiser war unruhig und fühlte sich nicht wohl. Ich riet ihm, eine beruhigende Medizin einzunehmen, und bot sie ihm dar. ›Danke, Doktor‹, sagte er darauf, ›aber ich habe etwas Besseres. Der Augenblick naht, ich spüre, wenn die Natur sich erleichtern will.‹ Noch während er sprach, warf er sich auf einen Sessel, packte seinen linken Oberschenkel und riss ihn mit geradezu genüsslicher Freude auf. Seine Narben platzten wieder auf, und das Blut quoll heraus. ›Ich habe es Ihnen ja gesagt, Doktor. Es geht mir schon viel besser. Ich habe meine Zeiten der Krise, und wenn sie eintreten, bin ich gerettet.‹«

Antommarchi war nicht der Erste, der sah, wie Napoleon sich die Haut aufriss. Einer seiner Bediensteten schrieb: »Mehrfach sah ich, wie er die Fingernägel so heftig in sein Bein grub, dass es anfing zu bluten.« Während seiner Feldzüge war er bisweilen so mit Blut bedeckt, dass seine Soldaten dachten, er sei verwundet worden, dabei hatte er sich lediglich blutig gekratzt. Wir werden wohl nie erfahren, was Napoleon so zur Raserei trieb, doch mindestens einer seiner Ärzte diagnostizierte den Ausschlag als Krätze.

Obwohl man damals noch nichts von Milben wusste, war die Krätze zur Zeit der napoleonischen Kriege – und nahezu aller anderen – unter den Soldaten eine weit verbreitete Plage. Die beengten Verhältnisse, die Notwendigkeit, Tag für Tag dieselben Sachen zu tragen, ohne sie waschen zu können, und die massenhafte Migration armer Leute während der Kriegszeiten trugen zur Verbreitung der Milben bei. Ende des 17. Jahrhunderts gab es ein paar Versuche, die Mediziner davon zu überzeugen, dass die Krätze durch Parasiten übertragen wurde, doch niemand nahm diese Theorie wirklich ernst.

Napoleon jedoch wusste, dass die Krätze ansteckend war. Er beschrieb einen Vorfall zu Beginn seiner Laufbahn, der wohl der Anfang seiner langen Geschichte von Hautproblemen war. Während der Belagerung von Toulon im Jahr 1793 wurde ein Kanonier während des Ladevorgangs erschossen; Napoleon sprang ein und übernahm seinen Posten. Sowohl der tote Soldat wie auch seine Ausrüstung war voller Schweiß von der Aufregung der Schlacht, und Napoleon glaubte, er habe in diesem Moment »die Plage des Juckreizes, mit der der Soldat bedeckt war, in mich aufgenommen.«

Erst 1865, einige Jahrzehnte nach Napoleons Tod, wurde erkannt, dass die Krätze durch eine nahezu unsichtbare Milbe übertragen wurde. Ein ausgewachsenes Weibchen gräbt sich in die Haut, meist an den Händen oder Handgelenken des Menschen, und legt dort jeden Tag ein paar Eier. Nach einer Weile schlüpfen die Larven und bewegen sich in eine der oberen Hautschichten, wo sie sich eine Art Höhle graben. Dort verpuppen sie sich zunächst zu Nymphen, dann zu erwachsenen Milben, die sich nur ein einziges Mal in ihrem kurzen Leben paaren, und zwar gleich vor Ort, unter der Haut. Erst wenn die Weibchen befruchtet sind, verlassen sie ihre Höhle und wandern über den Körper ihres Wirts, um sich eine geeignete Stelle für die Gründung einer neuen Familie zu suchen. Insgesamt lebt eine Grabmilbe ein bis zwei Monate, die meiste Zeit davon unter der Haut ihres Wirts.

Menschen, die mit Grabmilben infiziert sind, haben in den ersten Wochen oft keinerlei Symptome. Doch nach einiger Zeit entwickelt sich eine starke Reaktion auf die Milben und vor allem auf den Kot, den diese in der Haut hinterlassen. Manchmal ist der ganze Bauch, die Schultern und der Rücken mit einem Ausschlag bedeckt, auch wenn dort unmittelbar gar keine Milben hausen. Da die Milben auch ein paar Tage ohne ihren Wirt überleben können, ist es theoretisch möglich, sich über Kleidung, Bettwäsche oder Spielzeug mit Krätze zu infizieren, doch in den meisten Fällen wird die Krankheit durch direkten Hautkontakt übertragen. Während Napoleon vermutlich sein ganzes Leben lang an der Krätze litt, ist es heute möglich, die Infektion mit einer lokal angewandten Salbe zu heilen.

Familienbande: Es gibt eine Vielzahl von Milbenarten, die Menschen, wilde Tiere und Haustiere befallen können. Die *Sarcoptes scabiei canis* löst bei Hunden die sogenannte Sarcoptes-Räude aus.

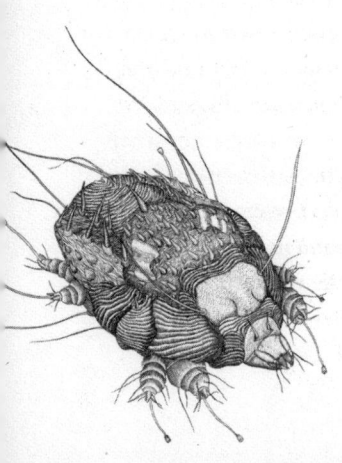

VON LÄUSEN UND MENSCHEN

Grabmilben waren nicht die einzigen Parasiten, die Napoleon das Leben schwer gemacht haben. Im Sommer 1812 marschierte er mit über einer halben Million Soldaten in Russland ein; als er im Dezember besiegt zurück- kehrte, waren es nur noch wenige Tau- send. Was war geschehen? Napoleon selbst gab dem harten Winter die Schuld, doch heutige Wissenschaftler sind über- zeugt, dass es ein winziges, flaches, flü- gelloses Insekt war, das die Grande Ar- mée in die Knie zwang. Während des langen Marsches waren die Soldaten ge- zwungen, bei polnischen und russischen
Bauern Nahrung und Unterkunft zu suchen, und bei der Ge- legenheit nahmen sie auch gleich noch eine ordentliche Portion Läuse mit. Ein Soldat schrieb: »Ich wachte von einem unerträg- lichen Kribbeln auf, und zu meinem Entsetzen entdeckte ich, dass ich mit Ungeziefer bedeckt war!« Er sprang auf und warf seine Kleider ins Feuer, was er vermutlich bereute, als der Win- ter kam und Nachschub knapp wurde.

Doch es war nicht nur das »unerträgliche Kribbeln«, das zu Napoleons Niederlage führte. Läuse übertragen Fleckfieber, Schützengrabenfieber und noch etliche andere üble Krankhei- ten, die eine Armee dezimieren können. Die wenigen von Napo- leons Soldaten, die überlebt hatten, waren so krank, dass ihm nichts anderes übrig blieb, als sich aus Russland zurückzuzie-

hen, und diese Niederlage war der Anfang vom Ende seiner brillanten militärischen Laufbahn.

Im Jahr 1919, auf dem Höhepunkt des russischen Bürgerkriegs, wütete das Fleckfieber, und wieder waren Armut, mangelnde Hygiene und die beengten Verhältnisse schuld, da sie zu einer Läuseplage geführt hatten. Lenin kommentierte das mit dem berühmten Ausspruch: »Entweder der Sozialismus besiegt die Laus, oder die Laus besiegt den Sozialismus.«

Obgleich es weltweit rund 4000 Läusearten gibt, wird der Mensch nur von drei Arten befallen: Kopflaus, Kleiderlaus und Filzlaus. Diese drei leben ausschließlich auf Menschen, wo sie jeweils klar umgrenzte Bereiche im Ökosystem des menschlichen Körpers besiedeln. Evolutionsbiologen stießen kürzlich auf ein paar interessante Fakten in diesem Zusammenhang. Kopfläuse sind bereits 7 Millionen Jahre alt und stammen aus der Zeit, als Menschen und Schimpansen noch einen gemeinsamen Vorfahren hatten. Kleiderläuse entwickelten sich vor etwa 107 000 Jahren aus den Kopfläusen, ungefähr zu der Zeit, als die Menschen anfingen, Kleidung zu tragen. Filzläuse hingegen sind Verwandte der Gorilläuse – und müssen durch eine Form engen körperlichen Kontakts auf den Menschen übertragen worden sein; welcher Art dieser Kontakt war, ist jedoch nicht geklärt.

Kleiderlaus   *Pediculus humanus humanus*
(auch: *Pediculus humanus corporis*)

Kleiderläuse sind den meisten Menschen zum Glück unbekannt. Diese Läuseart hat sich so entwickelt, dass sie ihre Eier nicht auf dem Körper ihres Wirts ablegt, sondern in der Kleidung, meist im Saum oder Innenfutter. Deshalb kommen sie heutzutage nur bei Obdachlosen oder sehr armen Menschen vor, die ihre Kleider wochenlang tragen müssen, ohne eine Möglichkeit, sie zu waschen. Da die Entwicklung der Larven von der Körperwärme abhängt, bieten Kleider, die ständig getragen werden, die besten Brutstätten. Die frisch geschlüpften Nymphen wandern auf die Haut und müssen innerhalb weniger Stunden eine Blutmahlzeit zu sich nehmen, sonst sterben sie. Im Verlauf einer Woche wachsen sie zur Laus heran und leben dann noch einige Wochen, während derer sie sich permanent von menschlichem Blut ernähren. In sehr schweren Fällen kann ein einzelner Mensch mit bis zu 30 000 Läusen besiedelt sein. Und selbst ohne das Risiko der Krankheitsübertragung kann die Besiedlung mit diesen winzigen Blutsaugern gefährlich sein.

Ein schwerer Befall kann eine eigentümliche Verdickung und Verfärbung der Haut verursachen, die sogenannte »Vagabundenkrankheit« oder Pedikulose. Auch geschwollene Lymphknoten, Fieber, Hautausschläge, Kopfschmerzen, Muskel- und Gliederschmerzen sowie Allergien können allein durch die Läuse ausgelöst werden. Sobald ihr Wirt Fieber bekommt, verlassen die Läuse den Körper und suchen sich einen neuen, wohltemperierten Wirt – und die Krankheit breitet sich weiter aus.

Eine der häufigsten durch Läuse übertragenen Krankheiten ist Fleckfieber, das durch eine Infektion mit *Rickettsia prowazekii* verursacht wird, einem Bakterium, das auch im Blut von Gleithörnchen vorkommt. Die Bakterien werden jedoch nicht durch den Biss der Laus übertragen, sondern sie befinden sich im Kot der Läuse und gelangen erst durch das Kratzen der juckenden Hautstellen in den Blutkreislauf. Da die Bakterien im Läusekot 90 Tage lang lebensfähig bleiben, gibt es reichlich Gelegenheit, sich zu infizieren. Die Krankheit verursacht Fieber, Schüttelfrost und Ausschläge und kann in schweren Fällen zu Delirium, Koma und sogar zum Tod führen.

Etwa 20 Prozent der Fleckfieber-Fälle enden tödlich; in Kriegszeiten ist der Anteil jedoch meist weit höher. Während die Überlebenden die Bakterien früher häufig noch jahrelang in ihren Lymphknoten trugen, sind die Heilungschancen heute dank der modernen Antibiotika sehr gut. Den Läusen hilft das jedoch nicht – sie sterben bei einem Ausbruch des Fleckfiebers in jedem Fall. Hans Zinsser, der Mann, der den Impfstoff gegen das Fleckfieber entwickelt hat, schrieb: »Falls Läuse Furcht empfinden können, so dürfte ihr größter Alptraum sein, eines Tages auf einem infizierten Menschen zu leben. Der Mensch hat die Neigung, die gesamte Natur stets aus seinem egozentrischen Blickwinkel zu betrachten. Für die Laus jedoch sind wir gefürchtete Todesbringer.«

Die Krankheit plagte nicht nur Soldaten, die in beengten, unhygienischen Verhältnissen lebten, sie breitete sich auch unter den Indianern aus, als diese im 16. Jahrhundert mit den Europäern in Kontakt kamen, und tötete Millionen von ihnen. Auch heute gibt es immer noch Ausbrüche von Fleckfieber, vor allem in Flüchtlingslagern, Slums und anderen Gebieten, in denen sehr viele Menschen unter schlechten Bedingungen auf engem Raum leben müssen.

Früher dachte man, Läuse kämen aus der Haut, würden also quasi vom Menschen geboren. Aristoteles schrieb, Läuse entstünden aus dem Fleisch von Tieren, und man könne sehen, wie sie aus kleinen Hautausschlägen hervorträten. Man glaubte damals, die sogenannte Läusesucht sei eine Strafe für die Sünden, die jemand begangen hatte.

Erst 1882 machte L. D. Bulkley Schluss mit diesen Mythen; er schrieb: »All die fantastischen Geschichten, dass die Läuse aus Abszessen oder anderen Wunden entstehen, entbehren jeder wissenschaftlichen Grundlage – mehr noch, sie sind schlicht und einfach absurd.« Ein dänischer Entomologe namens Jørgen Christian Schiødte bemerkte dazu: »So konnte der alte Geist der Läusesucht endlich zur Ruhe gelegt werden, gemeinsam mit all den anderen Drachen und Ungeheuern, die die Unwissenheit erschaffen hat.«

Kopflaus	*Pediculus humanus capitis*

Da Läuse die eigentümliche Fähigkeit besitzen, sich der Farbe der Haut anzupassen, in der sie schlüpfen, kann ein Befall mit Kopfläusen schwer zu entdecken sein. Sie sind eine unangenehme Überraschung, aber keine besonders gefährliche. Kopfläuse übertragen keine Krankheiten, sie sind nicht einmal ein Zeichen für mangelnde Hygiene, aber sie sind fürchterlich schwer wieder loszuwerden und erstaunlich verbreitet; unter den ansteckenden Krankheiten, die Schulkinder plagen, kommen Kopfläuse direkt an zweiter Stelle hinter der klassischen Erkältung. Jedes Jahr wird im Schnitt jedes vierte Kind davon befallen. Kinder afroamerikanischer Herkunft bleiben jedoch meist davon verschont; offenbar fällt es amerikanischen Läusen schwer, sich in dickem, krausem Haar anzusiedeln, obwohl afrikanische Läuse damit allem Anschein nach kein Problem haben.

Weibliche Kopfläuse legen ihre Eier auf einer Haarsträhne ab und scheiden dabei eine Art Kleber aus, um sie dort zu fixieren. (Tatsächlich ist die Mutterschaft nicht ungefährlich für die Läuseweibchen, denn es kann leicht passieren, dass sie dabei selbst kleben bleiben.) Am liebsten deponieren sie ihren Nachwuchs rund um die Ohren oder am Halsansatz des Menschen, und dort kann man sie auch am leichtesten sehen. Es gibt zwar spezielle Shampoos, um die Läuse zu töten, aber in Teilen des Landes werden sie bereits resistent gegen die Chemikalien. Mittlerweile ist eine neue Generation von medizinischen Salben und Shampoos auf dem Markt, aber viele Eltern bleiben bei der altmodischen Methode, mit einem feinen, ölgetränkten Kamm durch das nasse Haar zu fahren, um die Läuse einzeln herauszukämmen.

Filzlaus   *Phthirus pubis*

Filzläuse, umgangssprachlich auch »Sackratten« genannt, klammern sich mit ihren Halteklauen an ein paar Haaren fest und lassen so gut wie nie wieder los. Ihre Angewohnheit, nahezu ihr ganzes Leben an einer Stelle zu bleiben, führt dazu, dass sich um sie herum ihr Kot sammelt, was nun wirklich alles andere als angenehm ist. Sie bevorzugen Körperstellen mit dickem Haar, vor allem im Scham- und Achselbereich, aber auch Augenbrauen, Bärte und Brusthaar. Eine allergische Reaktion auf ihren Speichel löst einen nahezu unerträglichen Juckreiz aus, meist das erste Anzeichen für einen Befall. Sie können sich sogar zwischen den Wimpern ansiedeln, aber nach bisherigem Wissensstand übertragen sie keine Krankheiten.

Da Filzläuse, wenn sie von ihrem Wirt getrennt werden, nur wenige Stunden überleben, ist die Ansteckung über Toilettensitze, Hotelbettwäsche und dergleichen zwar theoretisch möglich, aber unwahrscheinlich. Meistens werden sie durch sexuellen Kontakt übertragen, weswegen die Franzosen sie auch *papillons d'amour* – Liebesschmetterlinge – nennen.

HIRSCHZECKE

IXODES SCAPULARIS

Größe:	2 mm (die Nymphe ist kleiner – ungefähr so groß wie ein Pfefferstäubchen)
Familie:	Ixodoidea (Schildzecken)
Habitat:	Wälder und waldreiche Gebiete
Verbreitung:	Ostküste der USA, südlich bis nach Florida, westlich bis nach Minnesota, Iowa und Texas. *Ixodes pacificus* kommt in Washington, Oregon und Kalifornien vor, gelegentlich auch in Nachbarstaaten

Polly Murray wusste, dass mit ihrer Familie irgendetwas nicht stimmte. Seit ihrer ersten Schwangerschaft Ende der fünfziger Jahre litt sie an merkwürdigen, unerklärlichen Symptomen: quälende Muskel- und Gliederschmerzen, Müdigkeit, Hautausschläge, Kopfschmerzen, Fieber – eine so umfangreiche und bizarre Bandbreite an Symptomen, dass sie sich angewöhnte, zu jedem Arzttermin eine Liste mitzunehmen. Im Verlauf der Jahre zeigten sich dieselben Symptome auch bei ihrem Mann und ihren Kindern. Zeitweise schien jeder im Haus entweder gerade Antibiotika zu nehmen, mit Schmerzen im Bett zu liegen oder auf die nächste Reihe von Testergebnissen zu warten.

Die Ärzte in ihrer Heimatstadt Lyme, Connecticut, waren ratlos; die Familie war auf alles getestet worden, von Lupus bis zu Pollenallergien, doch ohne Ergebnis. Klinisch betrachtet waren sie gesund. Einige Ärzte empfahlen psychiatrische Behandlung, andere verschrieben Penizillin oder Aspirin. Etwas anderes fiel ihnen nicht mehr ein.

Erst 1975 änderte sich alles. Nachdem sie erfahren hatte, dass einige ihrer Nachbarn ganz ähnliche Probleme hatten und dass bei mehreren Kinder aus der Gegend eine extrem seltene Form von jugendlicher rheumatoider Arthritis festgestellt worden war, rief Mrs. Murray einen Epidemiologen bei der staatlichen Gesundheitsbehörde an. Er notierte die Informationen, unternahm aber nichts.

Einen Monat später begegnete Mrs. Murray einem jungen Arzt namens Allen Steere. Er hatte vorübergehend bei den Centers for Disease Control in Atlanta gearbeitet und suchte jetzt nach einem Forschungsprojekt für sein Postdoktorandenstipendium. Der Leiter der Epidemiebehörde in Connecticut hatte ihm von den gehäuften Fällen jugendlicher rheumatoider Arthritis in Lyme berichtet. Steere hörte sich Mrs. Murrays Geschichte an und begann eine Untersuchung, die zur Entdeckung einer bis dahin unbekannten, durch Zecken übertragenen Krankheit führte. Obwohl die Stadtväter von Lyme nicht gerade begeistert waren, dass eine schlimme Krankheit den Namen ihrer Stadt tragen sollte, nannten die Wissenschaftler sie Lyme-Borreliose, und dabei ist es bis heute geblieben.

Die Hirschzecke lebt in dicht bevölkerten Gegenden entlang der Ostküste und ist für die meisten der in den USA registrierten Fälle von Lyme-Borreliose verantwortlich. Ihre Fähigkeit, diese Krankheit zu übertragen, hängt zum Teil mit ihrem eigentümlichen Lebenszyklus zusammen, bei dem sie bis zu ihrer Reife meist drei verschiedene Wirte nutzt. Wenn die Larven im Herbst schlüpfen, saugen sie das Blut von Ratten, Mäusen oder Vögeln. Sie überwintern auf dem Waldboden, häuten sich im Frühjahr zu Nymphen und saugen erneut – diesmal an kleinen Säugetieren oder Menschen. Gegen Ende des Sommers sind aus den Nymphen Zecken geworden, die während ihres restlichen Lebens, das noch etwa ein Jahr umfasst, an großen Säugetieren saugen, vor allem an Hirschen.

Die Zeckenlarven nehmen bei ihrer ersten Mahlzeit manchmal den Erreger der Lyme-Borreliose auf, ein Bakterium namens *Borrelia burgdorferi* aus der Gruppe der Spirochäten, das sie dann bei der nächsten Blutmahlzeit weitergeben können. Trotz der Bezeichnung »Hirschzecke« können sich Hirsche nicht infizieren. Aber sie sorgen dafür, dass die Zecken sich ausbreiten können und bringen sie in engen Kontakt mit Menschen. Menschen, die in zeckenverseuchten Gegenden leben, wissen, dass sie auf eine verräterische Hautrötung achten müssen, die sogenannte Wanderröte, die meist innerhalb eines Monats nach einem infektiösen Zeckenbiss auftaucht.

Lyme-Borreliose ist keine neue Krankheit. Schon in medizinischen Aufzeichnungen aus der Zeit um 1550 v. Chr. ist von »Zeckenfieber« die Rede, und während des ganzen 19. Jahrhunderts haben europäische Ärzte Symptome beschrieben, die denen der Lyme-Borreliose sehr ähnlich waren. In Europa wird die Krankheit durch den Gemeinen Holzbock, *Ixodes ricinus*, übertragen, eine Zeckenart, die eng mit der Hirschzecke verwandt ist. Tatsächlich erinnerten sich sogar einige der älteren Ärzte in Lyme an Patienten aus den zwanziger und dreißiger Jahren, die über ähnliche Symptome geklagt hatten. Heute ist die Lyme-Borreliose mit 25 000 bis 30 000 jährlichen Neuinfektionen die am häufigsten gemeldete durch Insekten übertragene Krankheit in den Vereinigten Staaten.

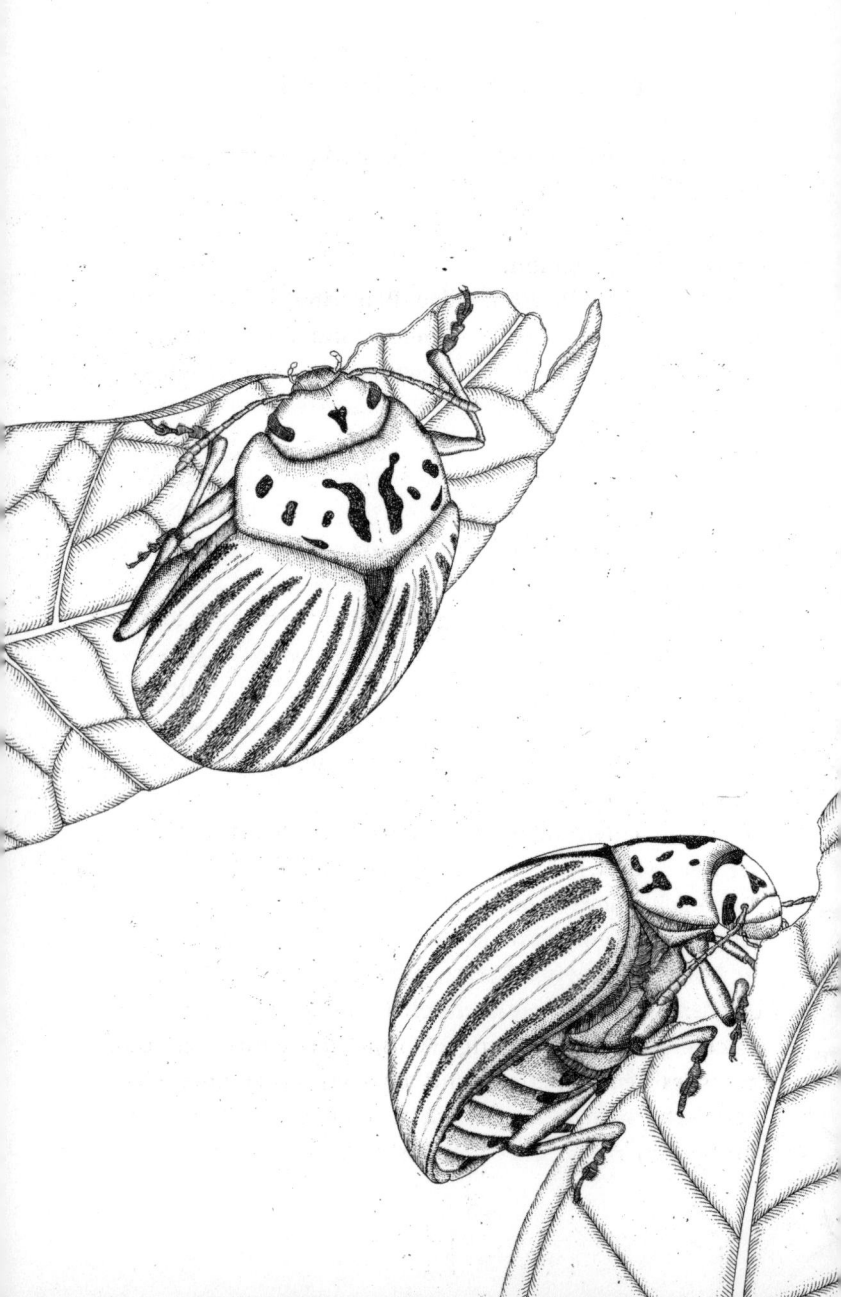

KARTOFFELKÄFER

LEPTINOTARSA DECEMLINEATA

Größe:	9,5 mm
Familie:	Chrysomelidae (Blattkäfer)
Habitat:	Bauernhöfe, Felder und Wiesen, auf denen es viele Nachtschattengewächse gibt
Verbreitung:	Nordamerika, Europa, Asien und Vorderer Orient

Thomas Say, der oft als Vater der amerikanischen Insektenkunde gilt, reiste im Rahmen einer militärischen Expedition 1820 Richtung Westen, und zwar bis zu den Rocky Mountains. Er hatte den Auftrag, »alle Objekte der Zoologie und ihrer diversen Einzelbereiche, die uns unterwegs begegnen, zu untersuchen und zu beschreiben. Die Menschen benötigen eine Klassifizierung aller Tiere zu Wasser und zu Lande, Insekten etc., und vor allem eine genaue Beschreibung der Überreste tierischen Ursprungs, die gefunden wurden.« Unterstützt wurde er von einem Botaniker, einem Geologen, einem weiteren Naturwissenschaftler und einem Maler.

Es war keine einfache Reise: Wassermangel, Indianerüberfälle, Krankheiten und Verletzungen und der Verlust etlicher Pferde und wichtiger Vorräte setzte ihnen zu. Daher ist es wenig überraschend, dass Say, als er einen kleinen gestreiften Käfer sah, der an einem stacheligen Gestrüpp fraß, diesen zwar vermerkte, jedoch nicht auf die

Idee kam, dass es sich dabei um eine der wichtigsten Entdeckungen seiner Reise handelte.

Der Kartoffelkäfer war eine von über 1000 Käferarten, die Say im Lauf seines Lebens beschrieb – doch seinen umgangssprachlichen Namen bekam der Käfer erst später. Mitte des 19. Jahrhunderts, kurz nach seinem Tod, ließen sich Siedler in der Gegend nieder, die Say erforscht hatte, und begannen dort mit dem Ackerbau. Als die Käfer die Kartoffelfelder entdeckten, ließen sie den Stachel-Nachtschatten – einen wilden Verwandten der Kartoffel – links liegen und machten sich über die Kartoffeln her. Zum Entsetzen der Siedler fraßen die Käfer sämtliche Blätter der Pflanzen und ruinierten ihnen damit die Ernte. Doch auch andere Nachtschattengewächse hatten es ihnen angetan, unter anderem Tomaten, Auberginen und sogar Tabak.

Rasch breitete sich der Käfer quer im ganzen Land aus, und das innerhalb von nur fünfzehn Jahren. Im Jahr 1875 stand in einer populären Wissenschaftszeitschrift, der Käfer habe »so viel Schaden angerichtet und für solche Aufregung gesorgt, dass die Vorstellung, es könne ihm gelingen, den Atlantik zu überqueren, in einigen europäischen Ländern geradezu Panik ausgelöst hat«.

Diese Sorge war durchaus begründet. Eine Zeit lang verboten die europäischen Länder die Einfuhr amerikanischer Kartoffeln, um den Käfer fernzuhalten, doch mit Ausbruch des Ersten Weltkriegs war es unmöglich, die Einschleppung der Schädlinge zu verhindern, da die amerikanischen Truppen über den Kontinent marschierten. Mittlerweile ist der Käfer auch in Europa verbreitet und in nahezu allen Gebieten weltweit, wo in größerem Umfang Landwirtschaft betrieben wird.

Manche haben den Amerikanern vorgeworfen, sie hätten die Plage absichtlich in die Welt hinausgetragen: Auf einem deutschen Propagandaplakat aus dem Zweiten Weltkrieg sind rot-weiß-blau gestreifte Kartoffelkäfer abgebildet, die soldatengleich über ein Feld marschieren. Die Deutschen glaubten, die Amerikaner würden die Käfer aus Flugzeugen abwerfen, als eine Art landwirtschaftliche Kriegsführung. Auf einem anderen Plakat steht in Großbuchstaben »Halt Amikäfer«, und wieder ein anderes warnt: »Amikäfer sollen unsere Ernten vernichten«, und drängt Bürger zum »Kampf für den Frieden«.

Der gelb-braun gestreifte Kartoffelkäfer ist etwas größer als ein Marienkäfer. Das Weibchen legt innerhalb seiner kurzen Lebensspanne bis zu 3000 Eier und bringt während einer Saison im Schnitt drei neue Generationen hervor. Diejenigen, die gegen Ende des Sommers geboren werden, überstehen den Winter problemlos und machen sich dann im Frühjahr zeitig daran, den Zyklus fortzuführen. Während der vergangenen 150 Jahre haben Bauern die Käfer mit einer bemerkenswerten Batterie von Pestiziden bombardiert, mussten jedoch immer wieder feststellen, dass die Insekten alsbald resistent gegen die Chemikalien werden. Zum Teil liegt das an ihrer hohen Fortpflanzungsrate, denn bei 3000 Nachkommen kann man davon ausgehen, dass mindestens einer mit einer Mutation geboren wird, die ihm hilft, die Pestizide zu überstehen. Zum anderen legt die Tatsache, dass die Käfer die Blätter von Nachtschattengewächsen fressen, die selbst ziemlich giftig sind, die Vermutung nahe, dass sie von Natur aus eine gewisse Widerstandskraft gegen Gifte besitzen.

Familienbande: Zur Familie der Blattkäfer
gehören außerdem noch die Gurkenkäfer,
die Spargelkäfer und einige andere landwirtschaftliche Plagen.

GÄRTNERS GRAUEN

*Sie verändern vielleicht nicht den Lauf
der Welt. Sie verbreiten nicht
die Pest oder verjagen die
Menschen aus ihren Dör-
fern. Und wahrscheinlich
haben sie sich auch nie
eines Mordes schuldig ge-
macht ... Aber einen
selbst packt schon mal die
Mordlust. Hier kommen ein
paar der Plagegeister, die Gärtner
in den Wahnsinn treiben:*

Blattläuse

Der Anblick einiger Hundert blassgrüner, weicher Insekten, die an der Unterseite eines Blattes kleben und
munter daran saugen, kann einem Gärtner Albträume bereiten. Innerhalb der Überfamilie der *Aphidoidae* sind bisher über 4400 Arten identifiziert worden, und viele davon
sind auf eine bestimmte Pflanze spezialisiert. Wie Körper-
läuse oder Zecken klammern sie sich an ihren Wirt und
beginnen zu saugen, wobei sie manchmal auch Pflanzen-
krankheiten übertragen. Die Blattrollkrankheit beispielsweise, eine der bedrohlichsten Kartoffelkrankheiten weltweit, wird durch Blattläuse übertragen.

Doch ihre vielleicht schaurigste Besonderheit ist ihre
Art, sich fortzupflanzen. Einige Arten sind zu einer speziellen Form der »Jungfernzeugung« (Parthenogenese) in

der Lage, sprich: Das Weibchen trägt bereits eine winzige Tochter in sich, die ihrerseits wiederum schwanger ist. Diese Insekten brauchen keine Männchen zur Fortpflanzung und können mehrere Generationen durchlaufen, ohne sich ein einziges Mal zu paaren.

Die Oleanderblattlaus, *Aphis nerii*, verfolgt eine besonders hinterhältige Strategie, um ihr Überleben zu sichern. Sie saugt eine giftige Substanz aus der Pflanze, sogenannte Herzglykoside, und balsamiert ihre Eier damit ein, um sie vor Fressfeinden zu schützen.

Zum Glück gibt es eine ganze Anzahl von Marienkäfern, Zehrwespen und anderen Raubinsekten, die sich gerne den Bauch mit Blattläusen vollschlagen, wenn sie die Gelegenheit dazu bekommen.

Weiße Fliege

Nichts verdirbt einem so die Freude an einem Gewächshaus wie die Weiße Fliege, ein abscheulicher Plagegeist aus der Familie *Aphidoidea*, den man häufig in Treibhäusern und auf Zimmerpflanzen findet. (In freier Natur gedeihen sie ebenfalls prächtig, nur dem winterlichen Frost sind sie nicht gewachsen.) Mit ihrer Größe von ein bis drei Millimetern sind sie so winzig, dass sie aussehen wie ein weißes Pulver, das jemand über die Blätter gestreut hat.

Wie die Blattlaus lebt auch die Weiße Fliege vom Pflanzensaft, was dazu führt, dass die befallenen Blätter erst vergilben und dann abfallen. Einige Arten sind auch Krankheitsüberträger. Wenn man eine besetzte Pflanze berührt, fliegt meist eine ganze Wolke von ihnen auf – ein Anblick, der Gärtner und Gewächshausbesitzer in Verzweiflung stürzt. Die Weibchen der Weißen Fliege legen in ihrer vier- bis sechswöchigen Lebensspanne rund 400 Eier. In den meisten Gewächshäusern wird die für Menschen ungefährliche Erzwespe (*Encarsia formosa*) zur Bekämpfung eingesetzt.

Gehäuseschnecken und Nacktschnecken

Diese Bauchfüßer müssen wohl nicht extra vorgestellt werden. Gärtner, die immer wieder Zeuge werden, wie sie ihre Schleimspur über die Wege ziehen und Richtung Gemüsegarten kriechen, haben sich allerlei grausige und groteske Methoden ausgedacht, um diesen Feind zu besiegen. Manche streuen Salz auf die Schnecken, um ihnen das Wasser aus dem Körper zu ziehen, andere stellen Bierfallen auf, damit sie darin ertrinken, und wieder andere sammeln sie schlicht von den Pflanzen und werfen sie auf die Straße.

Die Gefleckte Weinbergschnecke ist nicht nur eine essbare Delikatesse, sondern hat auch ihrerseits einen großen Appetit auf unsere Gärten. Die Gärtner an der Westküste der USA haben glücklicherweise einen Verbündeten im Kampf: Die Lanzenzahn-Raubschnecke, *Haplotrema vancouverense*, ist ein natürlicher Feind der Weinbergschnecke. Die Stumpfschnecke, *Rumina decollata*, ist ein in Europa vorkommender und in anderen Ländern gerne importierter Fressfeind. Gärtner können aber stattdessen auch Köder aus Eisenphosphat verwenden, die für Haustiere ungefährlich sind.

Erdraupen

Diese Larven diverser Arten aus der Familie der Eulenfalter (*Noctuidae*) halten sich, zu einer Kugel zusammengerollt und, wie der Name schon sagt, meistens in der Erde oder unter herabgefallenen Blättern auf. Sie fressen vorzugsweise Sämlinge und Jungpflanzen, und das Besondere – und besonders Ärgerliche – daran ist, dass sie dabei den Stängel direkt über der Erde abraspeln. Ganze Tomaten-, Paprika- und Maispflanzen können so von einer hungrigen Erdraupe getötet werden.

Diverse Käfer, Spinnen, Kröten und Schlangen zählen zu den natürlichen Feinden, allerdings sind die meisten Gärtner nicht so verzweifelt, dass sie Schlangen in ihrem Garten freilassen. Wenn man nicht mehr als ein paar Dutzend Pflanzen schützen muss, haben sich Ringe aus Pappe oder Kunststoff bewährt, die man um die Jungpflanzen herum in die Erde setzt.

Ohrwürmer

Obwohl Ohrwürmer mit ihren zangenähnlichen Hinterleibsfäden bedrohlich aussehen, sind diese Insekten aus der Ordnung *Dermaptera* längst nicht so gefährlich, wie viele Leute denken. Aber sie ernähren sich von allen möglichen Blumen-, Obst- und Gemüsesorten, von Dahlien bis hin zu Erdbeeren, und jeder, der schon mal eine frisch geschnittene Artischocke für den Kochtopf fertig gemacht hat, weiß, was für eine unschöne Überraschung die kleinen Krabbeltiere sein können. Ohrwürmer fressen auch Blattläuse und die Eier anderer Insekten, machen sich also durchaus auch mal nützlich. Will man sie trotzdem los-

werden, legt man zusammengerollte Zeitungen oder Papp-
rollen als Fallen und schüttet den Inhalt am nächsten
Morgen in Seifenwasser.

Japankäfer

Dieser aus Japan stammende Käfer, der 1916 versehentlich auch in ein Gewächshaus in New Jersey eingeschleppt
wurde, ist im Osten der USA gefürchtet und verhasst. *Popillia japonica* sieht mit seinem irisierenden grünen und
bronzefarbenen Körper zwar recht hübsch aus, ernährt
sich aber von etwa 300 verschiedenen Pflanzen, die er sys-
tematisch von oben nach unten abfrisst. Von den Blättern
bleiben meist nur die Adern übrig, sodass ein feines Spit-
zenmuster entsteht – was hübsch anzusehen wäre, wäre es
nicht ein Zeichen der Zerstörung. Die Larven vernichten
Gras, indem sie die Wurzeln fressen, sind also auch eine
wahre Plage in Gärten, Parks und auf Golfplätzen. Die
Amerikaner geben 460 Millionen Dollar pro Jahr aus, um
den Japankäfer zu bekämpfen und die Schäden, die er an-
richtet, zu beseitigen. Dieser Prozess kann aufwendig und
frustrierend sein, weil er meist mehrere Arbeitsgänge erfordert: Käfer von Hand absammeln, Fressfeinde einsetzen,
Fallen aufstellen und Pflanzen durch solche ersetzen, die
dieser gefräßige Quälgeist nicht mag.

Eine Pflanze allerdings wehrt sich selbst: Wissenschaftler haben herausgefunden, dass Geranien (*Pelargonium
zonale*) eine Substanz produzieren, die die Käfer für bis zu
24 Stunden lähmt – genug Zeit für den Angriff eines Feindes.

Gurkenkäfer

Lassen Sie sich von den niedlichen Pünktchen und Streifen nicht täuschen! Diese Käfer sehen zwar so ähnlich aus wie gelb-grüne Ausgaben von Marienkäfern, sind aber nirgends auch nur annähernd so beliebt. Der Gefleckte Gurkenkäfer, ein Mitglied der Gattung *Diabrotica*, und der Gestreifte Gurkenkäfer aus der Gattung *Acalymma* ernähren sich von Kürbis, Melonen, Gurken, Mais und anderen essbaren Pflanzen, wobei sie obendrein noch gelegentlich Krankheiten übertragen wie die Blattwelke oder den Gurkenmosaikvirus. Manche Gärtner decken ihre Jungpflanzen mit Schutznetzen ab, um die Käfer fernzuhalten.

Tomatenraupe

Es mit einer zehn Zentimeter langen grünen Raupe aufzunehmen, kann eine ziemliche Herausforderung sein. Diese Plagegeister – die Larven von *Manduca quinquemaculata*, dem Tomatenschwärmer, und *Manduca sexta*, dem Tabakschwärmer – machen sich während der vier Wochen ihres Raupendaseins mit großem Appetit über die meisten Nachtschattengewächse her. Wenn sie sich dann verpuppen, kommen erstaunlich große, hübsche Falter zum Vorschein, die fast wie Kolibris aussehen.

Als ausgewachsene Falter ernähren sie sich von Blütennektar, und der Anblick, wie sie in der Abenddämmerung die Blüten umschwirren, kann bezaubernd sein. (Die Raupen einiger anderer Schwärmerarten ernähren sich von Bäumen und Sträuchern, ein kolibriähnlicher Falter im Garten ist also nicht unbedingt ein Warnzeichen, dass das Tomatenbeet in Gefahr ist.) Da die Raupen so groß und so leicht zu sehen sind, sammeln Gärtner sie meist von Hand ab. Aber falls sie kleine weiße Kokons auf dem Körper haben, lassen Sie sie besser in Ruhe; das bedeutet nämlich, dass bereits Schlupfwespen zur Rettung angerückt sind.

Flohkäfer

Diese Käfer heißen so, weil sie wegspringen, wenn sie gestört werden. Sie gehören zur Familie der Blattkäfer (*Chrysomelidae*) und fressen kleine, runde Löcher in die Blätter, die dann aussehen, als hätte jemand mit der Schrotflinte auf sie geschossen. Einige Arten fressen auch Löcher in Rüben, Melonen und andere Feldfrüchte. Meist wächst sich das wieder zurecht, aber manche Bauern setzen Lockpflanzen wie Rettich, um sie von der Ernte fernzuhalten, oder sie saugen sie mit einem speziellen Gerät ab.

Apfelwickler

Wenn in einem Apfel der Wurm drin ist, dann handelt es sich mit ziemlicher Sicherheit um die Larve dieses Falters. Sie frisst Tunnel in die Früchte, und das nicht nur bei Äpfeln, sondern auch bei Birnen, Holzäpfeln, Pfirsichen und Aprikosen. Einige Vogel- und Wespenarten fressen die Larven des Apfelwicklers, aber das reicht oft nicht aus. Hobbygärtner können infizierte Früchte frühzeitig pflücken und Pheromonfallen aufhängen, aber falls irgendwo in der Nachbarschaft noch ein ungeschützter Baum steht, wird er immer als Brutstätte für den Falter dienen.

Eine wirksame, aber ziemlich aufwendige Bekämpfungsmethode besteht darin, jede einzelne Frucht mit einer speziellen Papiertüte zu schützen, wie es in Japan oft gemacht wird – mit dem seltsamen Anblick eines solchen »Tütenbaums« muss man dann allerdings den ganzen Sommer lang leben.

Schildläuse

Diese fürchterlichen saugenden Insekten der Überfamilie *Coccoidea* setzen sich auf Bäume und schützen sich dann mit einer Wachsschicht, die sie wie eine Zecke aussehen lässt. Wie die Blattläuse sondern sie eine süße, klebrige Substanz ab, den sogenannten Honigtau, der wiederum die Entstehung von Rußtaupilz fördert. Ihr Schutzschild macht sie immun gegen die meisten Pestizide, aber es kann mit einer gewissen Genugtuung verbunden sein, sie mit einem stumpfen Messer von der Rinde zu kratzen. Hilfreich sind außerdem bestimmte Schlupfwespen sowie im Winter eine Besprühung der befallenen Bäume mit speziellen Ölen.

Ringelspinner

Kaum ein Anblick ist abstoßender als der eines Gewimmels haariger Raupen auf einem Ast, umschlossen von einem zeltartigen Gespinst, das aussieht wie ein besonders dichtes Spinnennetz. Die Raupen, Angehörige der Gattung *Malacosoma*, können in einem (für sie) guten Jahr einen ganzen Baum kahlfressen, in anderen Jahren sieht man sie fast gar nicht, da sie eher schubweise auftreten. Eine ziemlich befriedigende Do-it-yourself-Bekämpfungsstrategie besteht darin, eine Fackel anzuzünden und die befallenen Teile abzubrennen, aber Fachleute raten davon ab, zum einen aus Sicherheitsgründen, zum anderen weil das Feuer dem Baum mehr Schaden zufügt als die Raupen. Man kann die Gespinste aber auch einfach abnehmen und zertreten oder in eine Plastiktüte tun und wegwerfen.

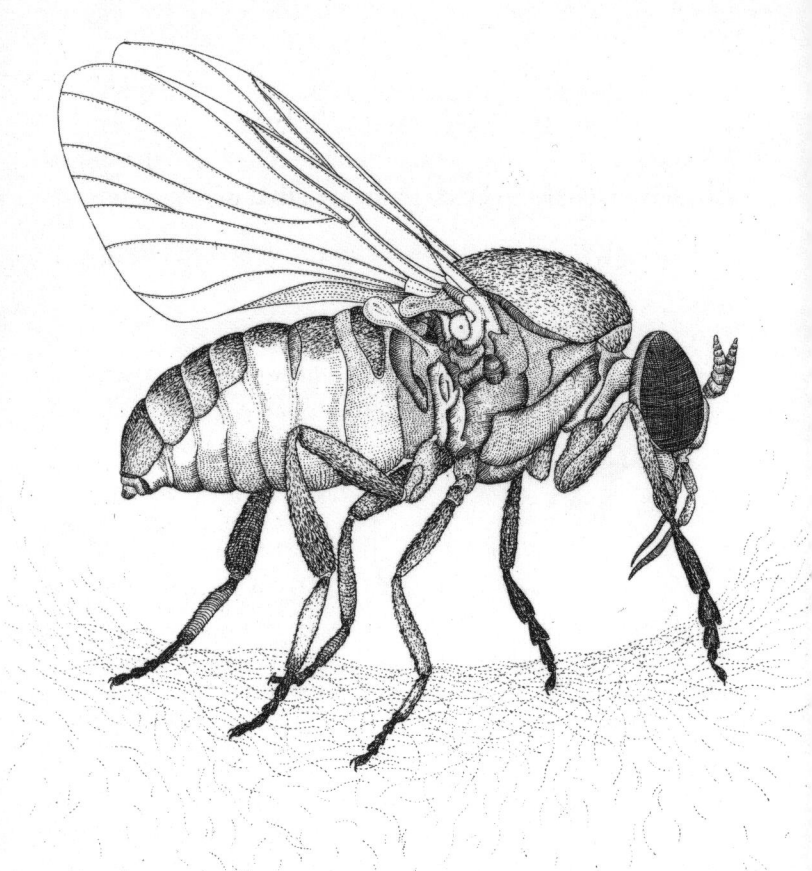

KRIEBELMÜCKE

SIMULIUM DAMNOSUM

Größe: 2–5 mm
Familie: Simuliidae
Habitat: in der Nähe schnell fließender Gewässer
Verbreitung: Teile der Vereinigten Staaten und Kanada,
                 Südamerika, Europa, Russland und Afrika

Noch im Jahr 1970 musste ein Drittel der Dorfbewohner, die an westafrikanischen Flüssen lebten, damit rechnen, bis zum Erreichen des Erwachsenenalters zu erblinden. Fotografien von Kindern, die blinde Erwachsene mithilfe von Seilen führten, zeigen, dass der Verlust des Augenlichts in diesen fruchtbaren Tälern zum Alltag gehörte. Schließlich musste die Besiedlung dieser Gebiete aufgegeben werden – eine schwere Entscheidung für die Menschen, die vom Ackerbau auf dem guten Boden dort lebten. Schuld an dieser Tragödie ist die Kriebelmücke, »der hartnäckigste und demoralisierendste auf den Menschen spezialisierte Blutsauger der Welt«, wie ein führender Entomologe sie bezeichnet hat. Doch die Kriebelmücke ist nur eine Verbündete. Der wahre Missetäter ist eine sehr dünne, wurmartige Kreatur namens *Onchocerca volvulus*, die mit ihrem bizarren Lebenszyklus die sogenannte Flussblindheit oder Onchozerkose auslöst.

Weibliche Kriebelmücken legen ihre Eier an der Oberfläche schnell fließender Gewässer ab, wo das Wasser den hohen Sauerstoffgehalt aufweist, der für die Brut notwendig ist. Nach dem Schlüpfen bleiben die Larven noch etwa eine Woche lang im Fluss, dann verlassen sie ihn als ausgewachsene Kriebelmücken. Die Weibchen paaren sich sofort und nur einmal; danach suchen sie sich schnellstmöglich ein warmblütiges Lebewesen zur Nahrungsaufnahme. Nur wenn sie das Blut eines Menschen oder eines Tieres trinken, bekommen sie genug Energie, um auch ihre Eier zu nähren. Sie leben ungefähr einen Monat und legen wiederum ihre Eier im Fluss ab, um den Zyklus zu vollenden. Manche Flüsse »produzieren« pro Kilometer täglich eine Milliarde dieser Insekten.

Kriebelmücken gehen bei ihrer Nahrungssuche sehr entschlossen vor; sie verankern sich in der Haut und lassen nicht los, bevor sie satt sind. In einer stark verseuchten Gegend kann ein Mensch innerhalb einer Stunde mehrere Hundert Bisse erleiden. Manchmal greifen die Mücken in solch großen und dichten Schwärmen an, dass ein Tier daran ersticken kann oder bei dem Versuch zu fliehen von einer Klippe stürzt. Die winzigen Quälgeister haben sogar schon Vieh getötet, indem sie es buchstäblich ausgesaugt haben. Auch der Schock, den der Körper bei einem massiven Angriff durch die Speichelzusätze der Kriebelmücken erleidet – die sogenannte Simuliotoxikose –, kann ein Tier innerhalb weniger Stunden töten. Im Jahr 1923 hat am Ufer der Donau in den südlichen Karpaten ein monströser Schwarm 22 000 Tiere getötet.

Doch das Bemerkenswerteste an dem kurzen, blutrünstigen Leben der Kriebelmücke ist die Tatsache, dass sie Teil eines bizarren, raffinierten Krankheitsübertragungszyklus wird, wenn sie das Blut eines Menschen trinkt, der mit dem Fadenwurm *Onchocera volvulus* infiziert ist.

Die jungen Fadenwürmer – im frühen Larvenstadium Mikrofilarien genannt – können nicht wachsen, solange sie im Blutkreislauf des Menschen schwimmen. Sie müssen erst in den Körper einer Kriebelmücke gesogen werden, um ihr nächstes Larvenstadium zu erreichen. Sobald sie in die Mücke gelangt sind, wandern sie in den Speichel und warten darauf, dass ihre Wirtin erneut saugt, denn nur indem sie dann wieder in den Körper eines Menschen zurückkehren, können sie ihre Entwicklung fortführen.

Wenn es ihnen gelingt, diese komplizierte Reise vom Menschen zur Kriebelmücke und wieder zum Menschen zu vollenden, verwandeln sich die Mikrofilarien schließlich in ausgewachsene Fadenwürmer, die bis zu 40 Zentimeter lang werden können. Sie nisten sich in kleinen Knäueln unter der Haut des Menschen ein, wo sie bis zu 15 Jahre leben können, sich paaren und ungefähr 1000 Nachkommen pro Tag produzieren.

Und was machen diese Nachkommen so? Die meisten von ihnen haben nie das Glück, im Magen einer Kriebelmücke zu landen, und das bedeutet, sie schwimmen ein oder zwei Jahre als Larven durch den menschlichen Körper, und dann sterben sie – aber vorher hinterlassen sie ihrem Wirt noch ein paar schreckliche Souvenirs. Sie graben sich in seine Augen und lassen ihn so erblinden. Die Haut verliert ihre Pigmente und wird mit Ausschlägen und Wunden überzogen. Die winzigen Wesen lösen einen so furchtbaren Juckreiz aus, dass die Menschen sich vor lauter Verzweiflung die Haut mit Stöcken und Steinen aufkratzen. Das wiederum führt zu bakteriellen Entzündungen, raubt ihnen den Schlaf und hat sogar schon so manche arme Seele in den Selbstmord getrieben.

Heute sind weltweit etwa 18 Millionen Menschen infiziert, hauptsächlich in Afrika und Südamerika. Von diesen sind 270 000 blind und 500 000 schwer sehbehindert. Ein Versuch, der Krankheit Herr zu werden, besteht darin, die Kriebelmücke zu töten, und das hat in den fünfziger Jahren, als das Insektizid DDT noch zugelassen war, recht gut funktioniert. Doch mit der Zeit wurden die Mücken dagegen resistent, und obendrein landete das DDT in hoher Konzentration in der Nahrungskette. Heutzutage wird stattdessen ein bestimmter natürlicher Bakterienstamm dafür verwendet (*Bacillus thuringiensis var. israelensis*), doch das hilft natürlich den Millionen von Menschen nicht, die bereits erkrankt sind.

Ein Entwurmungsmittel für Tiere namens Ivermectin hat sich als wirksam gegen die Mikrofilarien erwiesen, aber nicht gegen die ausgewachsenen Fadenwürmer. Die Firma Merck, die das Präparat herstellt, gibt es kostenlos an Gesundheitsorganisationen weiter, die damit die Infizierten behandeln. Sobald die ausgewachsenen Würmer sterben – was mehr als zehn Jahre dauern kann –, braucht das Medikament nicht mehr eingenommen zu werden, aber bis dahin sind regelmäßige Gaben nötig, um den Nachwuchs zu vernichten und die weitere Übertragung der Krankheit zu verhindern. Das Programm, das zunächst nur in wenigen afrikanischen Ländern durchgeführt wurde, war so erfolgreich, dass die verlassenen Flusstäler nach und nach wieder besiedelt werden und das Medikament mittlerweile auch in anderen afrikanischen und südamerikanischen Ländern ausgegeben wird.

Familienbande: Es gibt zwar weltweit über 1700 Arten von Kriebelmücken, aber davon sind nur zehn bis zwanzig Prozent gefährlich für Menschen oder Tiere. Nicht jede Art überträgt Krankheiten, aber sie alle sind unglaublich lästig und behindern in den Sommermonaten den Tourismus und alle Außentätigkeiten wie Holzfällerei, Ackerbau und Viehzucht.

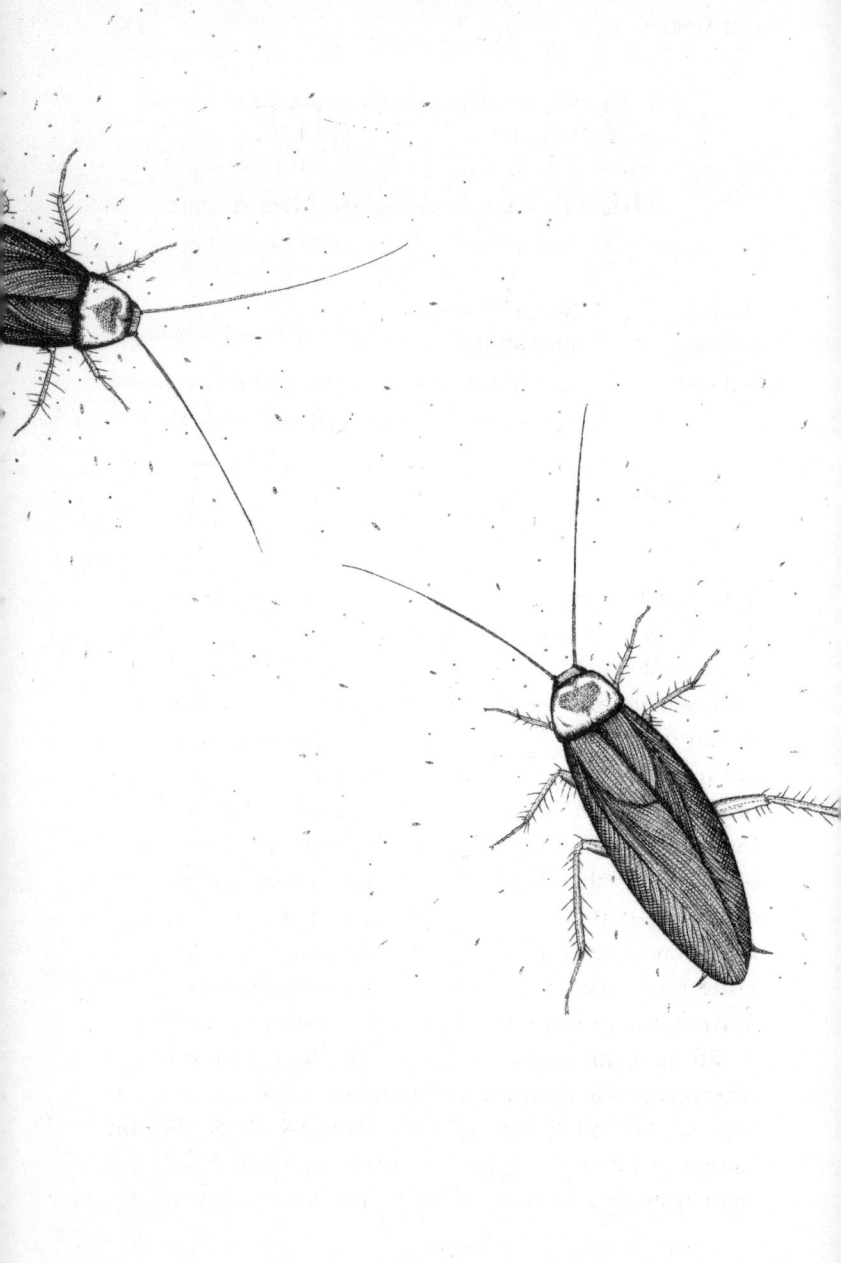

KÜCHENSCHABE

BLATTELLA GERMANICA

Größe:	bis zu 15 mm
Familie:	Blattellidae
Habitat:	lebt überwiegend in der Nähe von Menschen, in Wohnhäusern und anderen Gebäuden
Verbreitung:	weltweit

Im Jahr 1940 wurde in Südkalifornien mit großem Tamtam das Carmelitos Housing Project eröffnet, eine staatlich geförderte Wohnanlage für Arme. Ein Orchester spielte »The Star Spangled Banner«, eine Fahne wurde gehisst, und in zahlreichen Reden wurden die Vorzüge dieser »neuen Wohnform« gepriesen. Ein Zeitungsartikel, den einer der neuen Bewohner schrieb, verkündete: »Onkel Sam ist mein Vermieter!« Es war keine typische Sozialwohnungsanlage – die kleinen, reihenhausähnlichen Wohneinheiten, jede mit einem eigenen kleinen Garten, sahen eher aus wie Ferienbungalows. Dieser riesige Komplex, der insgesamt 712 Wohnungen umfasste, war einer der ersten dieser Art, der Menschen aus dem Elend nach der Weltwirtschaftskrise half.

Zwanzig Jahre später fiel der Gesundheitsbehörde eine beunruhigende Häufung von Krankheitsfällen in der Anlage auf: Fast 40 Prozent aller Hepatitis-A-Fälle der Region kamen aus dem Carmelitos Housing Project. Zufälligerweise testeten zur gleichen Zeit einige Wissenschaftler der

University of California in Los Angeles (UCLA) ein neues, relativ ungefährliches Insektizid namens »Dri-die«, das sie selbst entwickelt hatten. Es bestand aus einem Kieselsäurepulver, das die wachsartige Oberhautschicht von Küchenschaben angreift, sodass die Schädlinge austrocknen und sterben. Das UCLA-Team setzte das neue Mittel in der Wohnanlage ein, und das Ergebnis war beeindruckend: 70 Prozent der Küchenschaben wurden getötet. Was aber noch viel erstaunlicher war: Während in den umliegenden Gebieten immer mehr Hepatitis-A-Fälle auftraten, gab es im Carmelitos Housing Project nun so gut wie keine mehr. Die Bekämpfung der Küchenschaben hatte die Menschen dort auch von einer schlimmen Krankheit kuriert.

»Küchenschaben gehören zu den am meisten gefürchteten Insekten«, sagte I. Barry Tarshis von der UCLA, als er die Ergebnisse verkündete. »Das liegt vor allem daran, dass sie mit Schmutz in Verbindung gebracht werden, kaum wieder loszuwerden sind und abstoßend aussehen. Aber jetzt haben wir den Beweis, dass der Ekel, den die Menschen ihnen gegenüber empfinden, nicht nur auf Vorurteilen beruht.«

Vor seiner Studie gab es kaum Hinweise darauf, dass Küchenschaben Krankheiten übertragen. Heutzutage ist dies in den Gesundheitsbehörden bekannt, denn Küchenschaben leben nicht nur in menschlichen Behausungen, sondern sie zeigen »kommunikatives Verhalten«, sprich: sie wandern zwischen Unrat und menschlichen Nahrungsmitteln hin und her.

Als eines der ältesten Insekten auf der Welt – Küchenschaben gab es schon vor 350 Millionen Jahren – stehen sie schon seit langer Zeit mit dem Menschen in Verbindung. Doch von den rund 4000 bekannten Arten leben 95 Prozent vollkommen abseits in Wäldern, unter Totholz, in Höhlen, unter Steinen in der Wüste und in feuchten, dunklen Gebieten in der Nähe von Flüssen und Seen. Die fünf Prozent, die tatsächlich bei den Menschen leben, sind allerdings aus diversen Gründen bei den meisten verhasst.

Küchenschaben gelangen in jedes Haus. Sie haben Flügel, und einige Arten können auch kurze Strecken fliegen. Oft setzen sie sich auf eine Tür und warten, bis diese geöffnet wird, um auf diese Weise hineinzugelangen, oder sie krabbeln durch Löcher und Ritzen. Ob sie dann bleiben, hängt ganz vom Zustand der Wohnung ab. Sie lieben unordentliche, ungeputzte Küchen und Bäder, und wenn sie erst mal in einem Mietshaus drin sind, können sie durch die Lüftungs- und Abflussrohre und die Stromleitungen von einer Wohnung in die andere wandern. Eine Studie zeigt, dass in Arizona Schaben mehrere Hundert Meter in Abflussrohren hinter sich gebracht haben, um in ein Haus zu gelangen. Sobald sie sich irgendwo eingenistet haben, verbreiten sie einen typischen, unangenehm modrigen Geruch.

Sie sind Allesfresser mit »unspezialisierten Mundwerkzeugen«, wie es im Fachjargon heißt, sodass sie sich von allen möglichen Abfällen der Menschen ernähren können. Essensreste, Müll und sogar Abwasser lockt Küchenschaben an, aber bisweilen fressen sie auch Bucheinbände und den Kleber von Briefmarken. Und obwohl sie Menschen nicht beißen, fressen sie auch Fingernägel, Wimpern, Hautschuppen, Hornhaut an Händen und Füßen und Essensspuren am Mund schlafender Menschen.

Das ständige Hin und Her zwischen Mensch, Essen und Müll führt natürlich dazu, dass die Küchenschaben allerlei Keime mit sich herumtragen, unter anderem Kolibakterien, Salmonellen, Staphylokokken und Streptokokken, außerdem können sie Lepra, Fleckfieber, Ruhr, Pest, Hakenwürmer und Hepatitis übertragen. Beim Fressen würgen Küchenschaben oft einen kleinen Teil der Nahrung wieder aus ihrem Kropf hervor, den sie dann liegenlassen; außerdem stoßen sie beim Umherlaufen und Fressen auch Kot aus – winzige braune Krümel, wie gemahlener Pfeffer –, was die Verbreitung von Keimen weiter fördert.

Zu allem Übel sind auch noch die Hälfte aller Menschen, die unter Asthma leiden, allergisch gegen Küchenschaben. Und zehn Prozent derjenigen, die sonst nicht von Allergien geplagt werden, reagieren empfindlich auf Küchenschaben, bis hin zum anaphylaktischen Schock. Schabenallergene können die gründlichsten Reinigungsprozeduren überstehen, einschließlich kochendem Wasser, veränderten pH-Werten und ultraviolettem Licht. Erstaunlicherweise kann eine Empfindlichkeit gegen Küchenschaben Kreuzallergien gegen Krebse, Hummer, Krabben und Flusskrebse sowie gegen Hausstaubmilben und andere Schädlinge auslösen.

Doch die vom Menschen am meisten gefürchtete Begegnung mit einer Küchenschabe ist wohl die legendäre Ohrbesiedlung. Obwohl es zu gruselig klingt, um wahr zu sein, gibt es in der medizinischen Literatur tatsächlich etliche Berichte über Küchenschaben, die in das Ohr eines Menschen gekrabbelt und dort steckengeblieben sind. In der Notaufnahme kann der Arzt Öl ins Ohr träufeln, um die Schabe zu ertränken, aber es ist oft nicht einfach, das Tier dann auch herauszubekommen. Manche Ärzte schwören auf einen Schuss Lidocain, das die Küchenschabe so sehr reizt, dass sie in hohem Bogen aus dem Ohr geschossen kommt.

Versuche, ein Haus von Küchenschaben zu befreien, führen oft zu weiteren Gesundheitsproblemen: Epidemiologen haben festgestellt, dass die Verwendung von Pestiziden im Haushalt und die damit verbundene Belastung des Körpers durch Chemikalien eine größere Gefahr darstellen als die Schädlinge selbst. Man kann auch für den Menschen ungefährliche Köder verwenden, aber der beste Schutz ist immer noch Sauberkeit und ein gut abgedichtetes Haus. Kürzlich kam eine Studie zu dem Ergebnis, dass der »Saft« toter Küchenschaben ein wirksames Abwehrmittel gegen Artgenossen ist, aber diese Methode wird sich im Heimeinsatz wohl kaum durchsetzen.

Familienbande: Weltweit gibt es rund 4000 Arten.

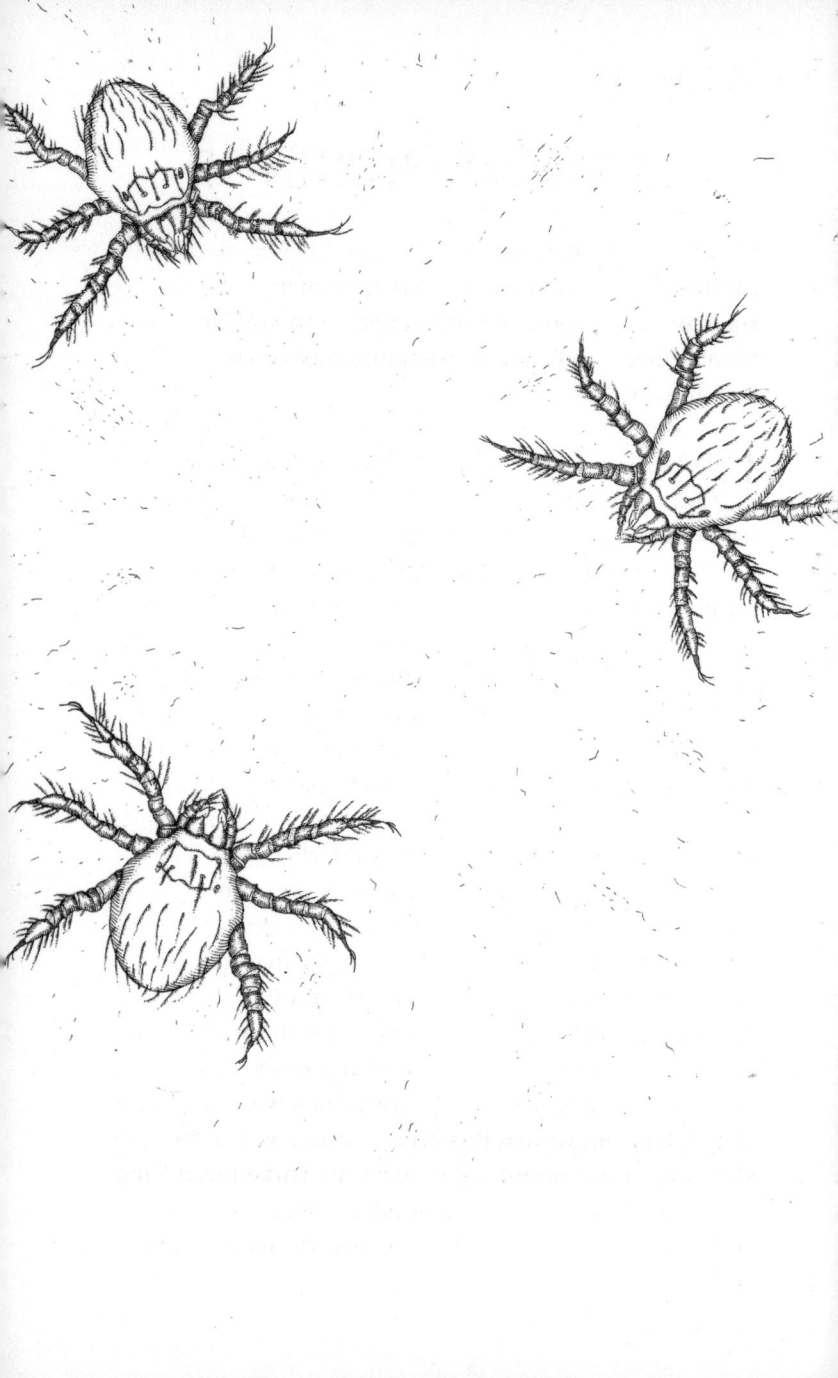

LEPTOTROMBIDIUM SP.

Größe: 0,4 mm
Familie: Trombiculidae (Laufmilben)
Habitat: feuchte Niederungen und Wälder
Verbreitung: überall in Asien und Australien

D ie Soldaten des Zweiten Weltkriegs hatten nicht nur mit dem Feind zu kämpfen. In Burma vermengten sich der Monsun, das unbekannte Terrain und die exotischen Krankheiten zu einer ziemlich tödlichen Mischung. 1944 landete nahezu jeder Soldat aus dem Einsatzgebiet irgendwann im Lazarett. Aber obwohl heftig gekämpft wurde, war die Gefahr, an einer Krankheit zu sterben, 19-mal höher als die, in der Schlacht zu fallen. Hepatitis, Malaria, Ruhr und diverse Geschlechtskrankheiten sorgten schon für genug Probleme, aber die vielleicht größte Herausforderung war das im Westen unbekannte und unberechenbare Tsutsugamushi-Fieber.

Dieses Fieber wird durch die Larve einer Milbe der Gattung *Leptotrombidium* übertragen, ein winziges Lebewesen, das in seinem Leben nur eine einzige Blutmahlzeit zu sich nimmt. Die Larve ist so klein, dass sie mit ihrem Maul gar nicht tief genug beißen kann, um an ein Blutgefäß heranzukommen; sie beißt einfach nur in die Haut und trinkt eine Mischung aus verflüssigtem Hautgewebe und Blut. Das Opfer bemerkt den Biss oft erst später, wenn die Stelle sich rötet. Das kommt daher, dass die Larve ihren Saugrüssel zurücklässt, der die Haut reizen kann wie ein winziger Splitter. Nachdem sie ihre Mahlzeit zu sich genommen hat, entwickelt sie sich zu einer erwachsenen Milbe und ernährt sich für den Rest ihres Lebens nur noch von Pflanzen.

Wie ist es dann aber möglich, dass diese Larve Krankheiten überträgt? Wenn sie nur einmal Blut saugt, hat sie doch keine Gelegenheit, den Erreger bei einem Wirt aufzunehmen und ihn an einen anderen weiterzugeben. Wissenschaftler lösten dieses Rätsel, als sie im Labor nachweisen konnten, dass diese Milben Krankheiten auch transovarial, also über die Eierstöcke, weitergeben können. Mit anderen Worten: Ausgewachsene Exemplare, die sich bei ihrer einen Blutmahlzeit infiziert haben, geben die Krankheit an ihren Nachwuchs weiter. Die Larven können also von Geburt an infiziert sein und die Krankheit dann bei ihrer ersten und einzigen eigenen Blutmahlzeit an den Menschen übertragen.

Das Tsutsugamushi-Fieber, auch Buschfleckfieber oder Japanisches Flussfieber genannt, kann wilde Ratten, Mäuse, Wühlmäuse, Vögel und Menschen befallen. Bei Menschen, die mit dem Bakterium *Orientia tsutsugamushi* (auch: *Rickettsia orientalis*) infiziert sind, zeigen sich meist nach etwa zehn Tagen grippeähnliche Symptome mit Muskelschmerzen, geschwollenen Lymphknoten, Fieber und Appetitverlust. In einem späteren Stadium greift die Krankheit oft auf Herz, Lungen und Nieren über, was tödlich enden kann, falls nicht rechtzeitig Antibiotika und andere lebenserhaltende Maßnahmen zum Einsatz kommen. Unbehandelt liegt die Sterblichkeit bei etwa einem Drittel der Krankheitsfälle.

Während des Zweiten Weltkriegs war es fast unmöglich, sich vor dem Tsutsugamushi-Fieber zu schützen. Die Milben lebten im Japanischen Blutgras, das bis zu vier Meter hoch werden kann, und den Soldaten blieb nichts anderes übrig, als sich hindurchzuwagen. Die Felder niederzubrennen hätte zwar vielleicht die Milben vernichtet, war aber im Kriegsgebiet nicht immer möglich und sinnvoll. Die Uniformen ließen sich kaum gründlich genug abdichten, um die winzigen Larven abzuhalten. Soldaten, die an dem Fieber erkrankten, fielen im Schnitt für drei Monate aus, im Vergleich zu »nur« zwei Wochen bei Malaria. Zwanzig Prozent von ihnen bekamen eine Lungenentzündung, und ein Facharzt der Army, der die Krankheit behandelte, sagte voraus, dass alle seine Patienten dauerhafte Herzschäden davontragen würden.

Auch heutzutage treten in Teilen von Australien, Japan, China, Südostasien, den pazifischen Inseln und Sri Lanka immer wieder Infektionen mit dem Tsutsugamushi-Fieber auf. Es gibt keinen Impfstoff, und weltweit sind ungefähr eine Million Menschen infiziert.

Familienbande: Zu dieser Familie gehören auch die Erntemilben und andere blutsaugende Plagegeister, aber die meisten von ihnen, so lästig sie auch sein mögen, übertragen keine schweren Krankheiten.

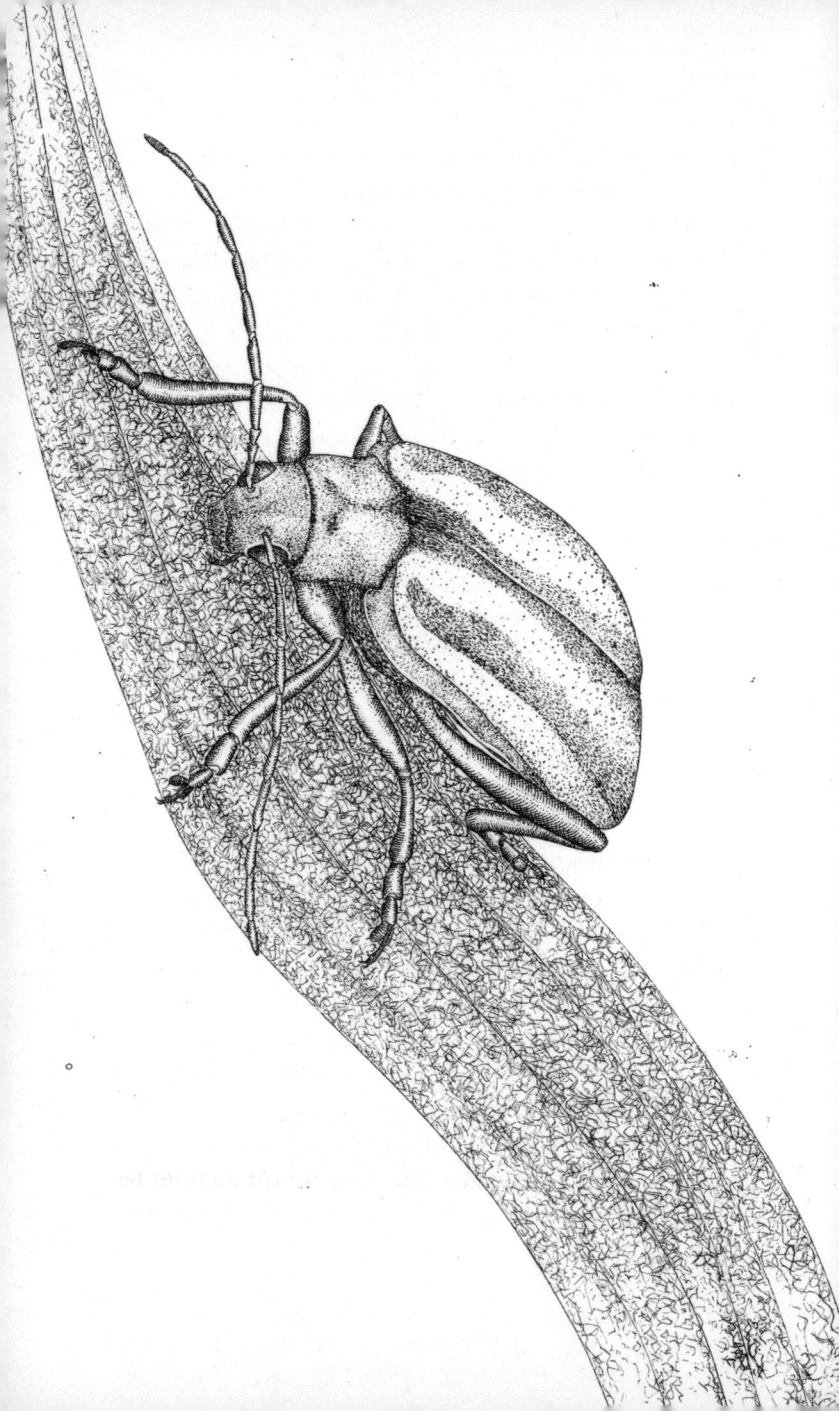

MAISWURZELBOHRER

DIABROTICA VIRGIFERA VIRGIFERA UND D. BARBERI

Größe: 6,5 mm
Familie: Chrysomelidae (Blattkäfer)
Habitat: in unmittelbarer Nähe von Mais und einigen Wildgräserarten
Verbreitung: Mexiko, USA und Europa

M ais hat mit allerlei gefräßigen Plagegeistern zu kämpfen, vom Maiswurzelbohrer über den Maiserdfloh bis hin zum Baumwollkapselbohrer. Sie verursachen in den USA jedes Jahr Ernteausfälle in Höhe von mehreren Milliarden Dollar. Dazu kommen die Kosten und Risiken der Bekämpfung. Einer von ihnen ist besonders gewitzt darin, die Bauern auszutricksen: der Maiswurzelbohrer.

Dieser schmale, braun-schwarz gestreifte oder grüne Käfer, der kaum größer ist als ein Marienkäfer, lebt im Larvenstadium unter der Erde und ernährt sich von den Wurzeln der Maispflanze – daher der Name.

Einige dieser Käferarten plagen die amerikanischen Bauern schon seit Generationen, unter anderem der Westliche Maiswurzelbohrer, *Diabrotica virgifera virgifera*, und der Nördliche Maiswurzelbohrer, *D. barberi*; beide stammen vermutlich aus Mexiko. Der erste Schritt zu ihrer Bekämpfung bestand darin, ihren Lebenszyklus kennenzulernen.

Ende des Sommers legt das Weibchen des Maiswurzelbohrers seine Eier unter der Erde ab, zwischen den Wurzeln der Maispflanzen. Die Eier überwintern dort, und im Frühsommer, wenn die neue Maisgeneration herangewachsen ist, schlüpfen die winzigen Larven und fressen die Wurzeln.

Da Mais eine einjährige Pflanze ist, funktioniert diese Taktik nur, solange der Bauer jedes Jahr erneut Mais aussät. Die Larven fressen und wachsen den Sommer über, verpuppen sich dann unter der Erde und schlüpfen schließlich als ausgewachsene Käfer, wenn der Mais zu reifen beginnt. Die Käfer ernähren sich von Maispollen und Maishaar, paaren sich und legen ihre Eier unter der Erde ab, dann sterben sie.

Eine Zeit lang verwendeten die Bauern Pestizide, um die Insekten zu töten, doch mit der Zeit wurden die Käfer resistent. Der Fruchtwechsel erwies sich als die beste Strategie, um den Lebenszyklus des Maiswurzelkäfers zu durchbrechen. Da die Larven sich ausschließlich von Mais ernährten, machte der Wechsel mit Sojabohnen ihrem Treiben ein Ende: den Larven fehlte es an Nahrung und sie starben, bevor sie ausgewachsen waren und sich paaren konnten. Damit war es ungefährlich, im folgenden Jahr wieder Mais anzubauen.

Diese Methode funktionierte jahrzehntelang sehr gut und ermöglichte es den Bauern, weniger Pestizide zu verwenden und die Gesundheit des Bodens zu stärken. Doch in den achtziger und neunziger Jahren änderte sich alles.

Der Nördliche Maiswurzelbohrer war auf eine Idee gekommen, wie er den Bauern ein Schnippchen schlagen konnte: Er verlängerte den Winterschlaf der Eier einfach um ein Jahr, da er offenbar begriffen hatte, dass der Bauer im kommenden Jahr ungenießbare Sojabohnen anpflanzen würde, im Jahr danach aber wieder leckeren Mais. Indem die Weibchen Eier legten, die ein ganzes Jahr Sojabohnenpflanzung »aussitzen« konnten und erst im darauffolgenden Frühsommer schlüpften, wenn es wieder Mais gab, wurden sie erneut zu einer ernsten Bedrohung für die Maisbauern. Diese Form der Anpassung nennt man »konsekutive Dormanz«.

Zur Überraschung der Entomologen entwickelte der Westliche Maiswurzelbohrer eine andere Überlebensstrategie, die jedoch mindestens ebenso genial war wie die seines nördlichen Cousins: Anstatt das Sojabohnenjahr zu verschlafen, passte er sich an, indem er Eier legte, deren Larven nichts gegen Sojabohnenpflanzen einzuwenden hatten. Nun, da die sogenannte Sojabohnen-Variante sich vom Fruchtwechsel ebenfalls nicht mehr stören lässt, suchen die Bauern nach einer neuen Lösung. Eine neue Generation von Pestiziden und genetisch veränderte Maissorten, die die Maiswurzelkäfer nicht mögen, erscheinen zunächst einmal vielversprechend, doch die Käfer haben ja bereits bewiesen, dass sie sich von solchen Tricks nicht aus der Bahn werfen lassen. Oder, wie ein Agrarwissenschaftler sagte: »Es ist eine neue Zauberwaffe. Aber wir haben schon einige davon abgefeuert ... In der Landwirtschaft ist kein Problem je für immer gelöst.«

Familienbande: Maiswurzelbohrer gehören zur Familie der Blattkäfer und sind verwandt mit dem Spargelkäfer, dem Kartoffelkäfer und einigen anderen zerstörerischen Käferarten.

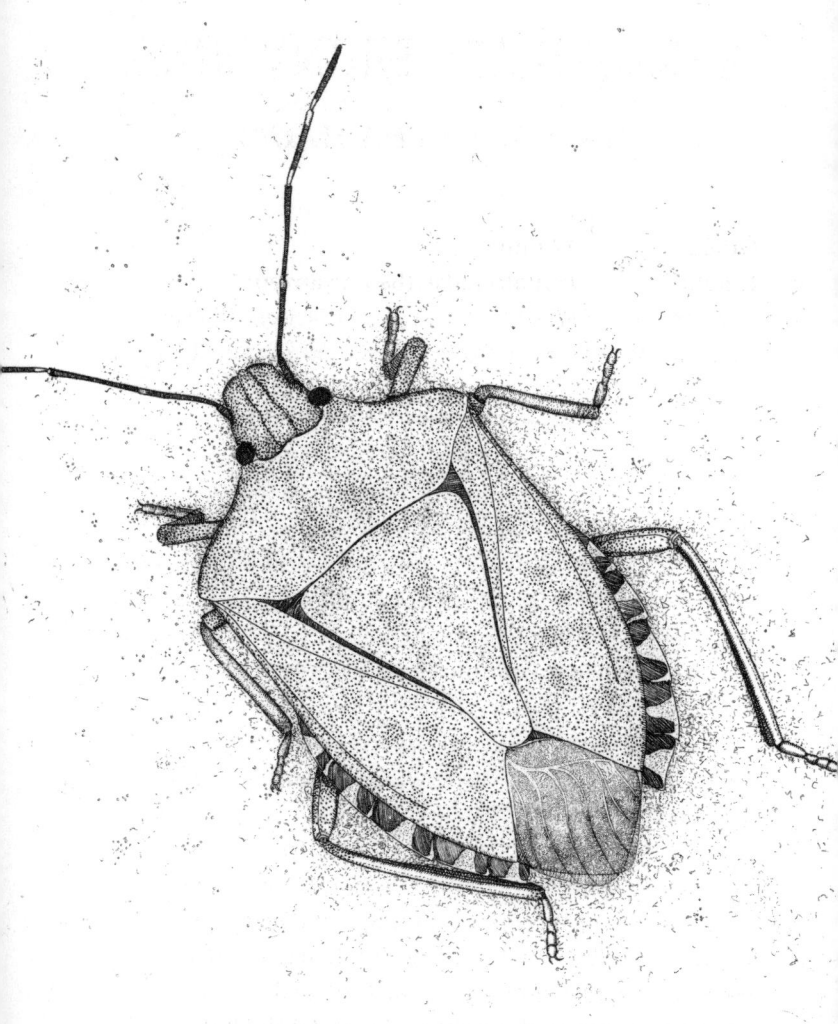

MARMORIERTE BAUMWANZE

HALYOMORPHA HALYS

Größe:	17 mm
Familie:	Pentatomidae (Baumwanzen)
Habitat:	Obstplantagen, Ackerflächen, Wiesen
Verbreitung:	China, Japan, Taiwan, Korea und Teile der USA, kommt eingeschleppt aber auch in Europa vor

Einige Bewohner von Pennsylvania und New Jersey fürchten sich vor dem Beginn des Herbstes, denn er ist gleichbedeutend mit dem Beginn der alljährlichen Invasion flacher, graubrauner Insekten aus China. Sie krabbeln durch die winzigsten Öffnungen: Risse in Tür- und Fensterrahmen, Löcher im Dachboden, sogar durch Rohre und Lüftungsanlagen. Sie machen es sich gemütlich, froh, der Kälte entronnen zu sein, und verbringen die Wintermonate genüsslich im Innern.

Eine Familie in Lower Allen Township (Pennsylvania) berichtete, wenn sie die Küchenschränke öffneten, säßen die Wanzen auf ihrem Geschirr. Sie fanden sie in Schubladen, unter den Betten und zu Hunderten auf dem Dachboden. Und zu Weihnachten kletterten die Wanzen auf den Christbaum und mischten sich unter die Dekoration.

Der Ehemann, der an einer Zwangsstörung leidet, konnte den Anblick nicht ertragen. Er dichtete seine Fenster mit Klebeband ab, aber sie kamen trotzdem immer wieder. Selbst seine Arbeit bot ihm keine Erholung, denn als Postbote begegnete er ihnen den ganzen Tag lang in den Briefkästen.

Was diese Eindringlinge so unerträglich macht, ist ihr Gestank. Es ist schwer, den Geruch einer Baumwanze zu beschreiben; manche vergleichen ihn mit dem Geruch einer vergammelten Frucht, einer Mischung aus Kirschen und Gras, oder modrig-schimmeligen Mandeln. Die meisten Menschen bezeichnen ihn einfach als widerlichen, ekelerregenden Gestank, den sie nie wieder vergessen werden. Wenn man die Wanzen stört, auf sie tritt oder sie mit dem Staubsauger entfernt – die von Fachleuten empfohlene Bekämpfungsmethode –, sondern sie ihren Gestank ab, der wiederum wie ein Alarm funktionieren und noch mehr Wanzen anlocken kann. In großer Zahl haben einige Arten sogar schon zu Verkehrsstörungen geführt: Im Jahr 1905 zogen die frisch installierten elektrischen Straßenlaternen so viele Baumwanzen zu den Kreuzungen in Phoenix (Arizona), dass die Straßenbahnen nicht mehr durch die Insektenmassen kamen.

Die Marmorierte Baumwanze kam vermutlich in den neunziger Jahren durch Zufall nach Pennsylvania. Wie viele andere Baumwanzen sehen diese breiten, flachen Insekten von oben wie Schilde aus. Die Flüssigkeit in ihren Stinkdrüsen enthält Zyanid, was den Bittermandelgeruch erklärt. Und während die meisten Baumwanzen harmlos sind, kann dieser asiatische Einwanderer zu einer ernsten Gefahr für Obstbäume, Sojabohnen und andere Feldfrüchte werden. Nachdem er sich in Pennsylvania niedergelassen hatte, wanderte er weiter nach New Jersey und tauchte irgendwann auch in Oregon auf. Mittlerweile ist er in 27 amerikanischen Staaten gesichtet worden.

Der Schaden, den die Marmorierte Baumwanze der Pflanzenwelt zugefügt hat, hält sich bisher noch in Grenzen, aber dafür gilt sie mittlerweile als gefürchtete Haushaltsplage. Sie krabbelt in Schränken herum, sodass man seine Kleider erst ausschütteln muss, bevor man sie anziehen kann. Frauen finden die Wanze sogar in ihren Haaren. Sie kriechen durch die Lüftungsgitter von Klimaanlagen, was dazu führt, dass die Anlagen entweder komplett ausgebaut oder während der Wintermonate abgeklebt werden müssen. Insektensprays können zwar helfen, die Wanzen am Eindringen zu hindern, aber wenn sie erst mal im Haus sind, nützt das nicht mehr viel, zumal die Sprays gesundheitsschädlicher sind als die Wanzen selbst. Die Staubsaugermethode funktioniert recht gut, aber der Gestank ist so fürchterlich, dass die meisten Betroffenen sich dafür einen zweiten Staubsauger zulegen.

Ein kleiner Trost: Die Wanzen vermehren sich im Winter nicht, sodass im Haus zumindest kein weiterer Nachwuchs heranwächst. Sobald der Frühling kommt, ziehen die Wanzen von sich aus wieder nach draußen, um sich zu paaren und Eier zu legen. Im Spätsommer schlüpfen die Larven, die sich fünfmal verpuppen, bevor sie ausgewachsen sind. Im Oktober sucht sich diese neue Generation dann wiederum ein warmes Winterquartier, wie zuvor ihre Eltern.

Familienbande: Die Baumwanzen sind eine große und artenreiche Familie, die in Australien, Nordamerika, Europa, Asien, Afrika und Südamerika vorkommt. Zu den Verwandten gehören auch die Rand- oder Lederwanzen, die sich von den verschiedensten Pflanzen ernähren.

MITTELMEERFRUCHTFLIEGE

CERATITIS CAPITATA

Größe:	6,3 mm
Familie:	Tephritidae (Bohrfliegen)
Habitat:	tropische Gegenden, Obstgärten und -plantagen
Verbreitung:	Afrika, Nord- und Südamerika, Australien

Im Jahr 1929 verkündete ein Entomologe: »Das Auftreten der Mittelmeerfruchtfliege in Florida erfordert einen Krieg kontinentalen Ausmaßes ... Sie ist ein Gegner, wie ihn die USA noch nie zuvor erlebt haben. Die Tragweite der von ihr verursachten Schäden darf keinesfalls unterschätzt werden, denn sie geht schnell, lautlos und beharrlich vor, und bisher hat sie keinen natürlichen Feind.«

Und es war ein Krieg. Die Mittelmeerfruchtfliege ist so gefürchtet, dass der Fund eines einzigen Exemplars auf dem Flughafen von Miami 1983 es auf die Titelseite der *New York Times* schaffte. Die Fliege wurde sogar zu einem Schwangerschaftstest nach Washington D.C. gebracht, doch zur allgemeinen Erleichterung stellte sich heraus, dass sie unfruchtbar war.

Die Fliege hatte schon etliche Male für Schlagzeilen gesorgt. 1981 stand der kalifornische Gouverneur Jerry Brown vor einer schwierigen politischen Entscheidung: Sollte er Hubschraubereinsätze mit Malathion erlauben, um den Schädling zu vernichten, was seine ökologisch orientierten Anhänger gegen ihn aufbringen würde, oder die Einsätze verbieten, was die milliardenschwere kalifornische Landwirtschaft ruinieren konnte? Er hielt sich mit der chemischen Keule zurück, so lange er es für vertretbar hielt, doch eines Nachts wachten Familien in Los Angeles, San Jose und anderen Städten vom Knattern der Hubschrauber auf, die ihre Viertel mit Pestiziden besprühten. Die Gegner der Aktion durften zusehen, wie der Leiter des California Conservation Corps bei einer Pressekonferenz ein Glas verdünntes Malathion trank, um dessen Ungefährlichkeit zu beweisen.

Die Mittelmeerfruchtfliege stammt ursprünglich aus Zentralafrika und ist vermutlich zusammen mit importierten Produkten in den Rest der Welt entkommen. (Möglicherweise hat in den USA auch die Prohibition ihren Anteil daran, denn die Schmuggler, die illegal Rum aus Bermuda einführten, verpackten die Flaschen in Stroh, in dem die Fliegen nisteten.) Die Fliege vollendet ihren gesamten Lebenszyklus in nur zwanzig bis dreißig Tagen. Das Weibchen bohrt ein Loch in die Frucht – meistens Zitrusfrüchte, Äpfel, Pfirsiche oder Birnen – und legt mehrere Dutzend Eier darin ab. Wenn die Larven schlüpfen, fangen sie sofort an, die Frucht von innen auszuhöhlen, sodass sie nicht mehr verwertet werden kann. Nach ein oder zwei Wochen – die genaue Zeit hängt vom Wetter und vom Reifegrad der Frucht ab – lassen sie sich für das Verpuppungsstadium, das nochmals etwa zwei Wochen dauert, zu Boden fallen. Die erwachsenen Fliegen schlüpfen, paaren sich, und das Weibchen legt rasch seine Eier ab. Bei gutem Wetter können ausgewachsene Mittelmeerfruchtfliegen noch fünf oder sechs Monate leben, wobei sie an den Früchten knabbern und munter weiter Eier legen. Rund 250 Sorten Obst und Gemüse kommen als Wirt infrage.

Die Sprühkampagne von 1981 hielt die Fliege in Schach – zumindest für eine Weile. Der Staat gab 100 Millionen Dollar aus, um die Plage zu bekämpfen, doch acht Jahre später tauchte die Fliege wieder auf. Erneute Hubschraubereinsätze, kombiniert mit dem Aussetzen steriler männlicher Fliegen, dem Aufstellen von Fallen und strikter Quarantäne verhinderte eine weitere Katastrophe. 2009 wiederholte sich das Ganze. Auch in anderen Teilen von Nordamerika, in Südamerika und in Australien, wo die Fliege die Ernten bedrohte, wurden ähnliche Maßnahmen ergriffen.

Eines der seltsamsten Kapitel in der Geschichte der Mittelmeerfruchtfliege spielte sich im Dezember 1989 ab, als eine Gruppe von Umweltterroristen, die sich »The Breeders« (die Züchter) nannte, dem Bürgermeister von Los Angeles in einem Brief damit drohte, Schwärme dieser Fliege freizulassen, wenn die Pestizideinsätze nicht gestoppt würden. Tatsächlich war den Behörden bereits aufgefallen, dass der Fliegenbefall merkwürdigen Mustern folgte und auf Sabotage hindeutete. Doch gefasst wurde nie jemand, und die Behörden gingen davon aus, dass alles von Anfang an nur eine leere Drohung gewesen war.

Familienbande: Zu dieser Familie gehören ungefähr 5000 Arten von Fruchtfliegen, unter anderem *Bactrocera oleae*, die Olivenfruchtfliege, *Anastrepha striata*, die Guavenfruchtfliege, *Bactrocera curcubita*, die Melonenfruchtfliege, und *Rhagoletis cerasi*, die Kirschfruchtfliege.

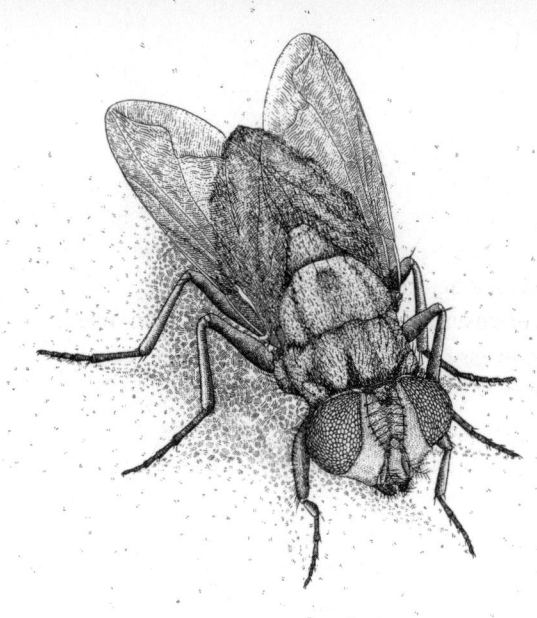

MUSCA SORBENS

Größe:	6–8 mm
Familie:	Muscidae (Echte Fliegen)
Habitat:	verwesende organische Substanzen wie Abwasser, Müll, tote Tiere und anderer Unrat
Verbreitung:	wärmere Klimazonen weltweit, besonders von Menschen bewohnte Gebiete

New Yorker kennen Randall's Island als eine Oase im East River, mit Sportplätzen, Rad- und Spazierwegen und atemberaubendem Blick auf Manhattan. Kinder spielen dort Baseball, Athleten trainieren für die Olympiade, und im Sommer geben Rockbands Open-Air-Konzerte. Da die Insel über eine Fußgängerbrücke von der 103. Straße erreichbar ist, bietet sie hervorragende Sportmöglichkeiten für Kinder aus Harlem und der Bronx.

Doch Randall's Island war nicht immer so ein schöner Kinderspielplatz. Von 1854 bis 1935 befand sich auf der Insel unter anderem ein »Erziehungsheim« für jugendliche Straftäter. Die Jungen, die dort eingesperrt waren, mussten Reifröcke, Schuhe, Stuhlrahmen, Siebe und Rattenfallen herstellen, während die Mädchen für das Kochen, Putzen und Waschen zuständig waren und die Uniformen für alle Insassen nähten. Dreißig bis sechzig Minuten täglich waren für den Unterricht vorgesehen. Wer ungehorsam war, wurde wahlweise ohne Abendessen zu Bett geschickt, in eine Einzelzelle gesperrt, geschlagen oder bekam nur noch Wasser und Brot. Zunächst waren die Kinder in Zellen untergebracht, doch 1860 kamen die Verwalter auf die Idee, sie stattdessen in großen Sälen mit Hängematten unterzubringen, damit sie ständig beobachtet werden konnten und keine Gelegenheit hatten, »sich einsamer Sünde hinzugeben«.

Den Kindern gefiel diese Behandlung nicht sonderlich. Sie reagierten mit Gewaltausbrüchen gegenüber den Aufsehern und Versuchen, in den East River zu springen und davonzuschwimmen. Im Jahr 1897 verschlimmerte sich die Lage noch weiter. Bei einer Inspektion wurde festgestellt, dass es undichte Stellen im Abwassersystem gab, die »üble Gerüche« verbreiteten, und dass etliche der Kinder an einer schlimmen Augenkrankheit namens Trachom litten. Jedes Jahr infizierten sich etwa zehn Prozent der Insassen damit. Damals war der Zusammenhang zwischen diesen beiden Problemen vermutlich noch nicht klar – heute aber schon.

Das Trachom war früher eine weitverbreitete Krankheit in den USA. Viele von den Einwanderern, die über Ellis Island in die Vereinigten Staaten immigrieren wollten, litten daran. Heutzutage ist sie in reichen Ländern nahezu unbekannt, aber in Gebieten mit großer Armut, in Flüchtlingslagern und Gefängnissen überall auf der Welt kommt sie immer noch sehr häufig vor.

Das Bakterium, das für die Krankheit verantwortlich ist, *Chlamydia trachomatis*, verursacht eine Entzündung des oberen Augenlids, was zu einem Zyklus von Schwellung und Vernarbung führen kann. Dadurch verengt sich die Bindehaut immer weiter, sodass schließlich die Wimpern nach innen zum Augapfel gezogen werden. Dieser unglaublich schmerzhafte Zustand, die sogenannte Trichiasis, führt zu Beschädigungen der Hornhaut und Sehstörungen. Wenn sie nicht behandelt wird, kann der Betroffene erblinden.

Zurzeit sind 150 Millionen Menschen daran erkrankt, und 6 Millionen sind bereits erblindet. Die Krankheit kommt in Teilen von Mittel- und Südamerika vor, in Afrika, im Vorderen Orient, in Asien und Australien. Zwar kann die Infektion mit Antibiotika behandelt und ein partieller Sehkraftverlust durch eine Hornhauttransplantation verbessert werden, aber diese Behandlungsmethoden stehen in armen Ländern oft nicht zur Verfügung. Vor allem Frauen leiden sehr unter der Krankheit, weil sie in dem Zustand nicht über offenem Feuer kochen oder auf dem Feld arbeiten können. Sie sind darauf angewiesen, dass ihre Kinder – meist die Mädchen – zu Hause bleiben und ihnen helfen, anstatt zur Schule zu gehen. Manchmal werden die Frauen von ihren Männern aufgrund der Krankheit verlassen.

Ein Trachom kann zwar auch durch engen Kontakt übertragen werden, besonders zwischen Mutter und Kind, aber die Gesundheitsbehörden machen vor allem *Musca sorbens* dafür verantwortlich, eine Verwandte der Stubenfliege, die sich besonders gerne in der Nähe von Latrinen, Mülleimern und Dunghaufen aufhält, dort mit ihren behaarten Beinen Bakterien aufnimmt und sie weiterverteilt.

Grundlegende Hygienemaßnahmen wie Händewaschen und die Verwendung sauberer Tücher, um die Gesichter der Kinder zu waschen, können die Ausbreitung der Krankheit eindämmen, doch die allgegenwärtige *Musca sorbens* loszuwerden, ist ein größerer Kampf. In Gebieten mit offenen Latrinen und Müllhaufen sind die Fliegen in solchen Schwärmen vorhanden, dass die Menschen es bald aufgeben, sie zu verscheuchen, und sie ungehindert in Augen,

Nase und Mund herumkrabbeln lassen. Soldaten in Vietnam berichteten, in den Kantinen hätte es so von Fliegen gewimmelt, dass man unweigerlich ein paar von ihnen zusammen mit dem Essen verspeiste.

Die Lösung des Problems liegt in erster Linie im Bau von fliegensicheren Latrinen. Ein Modell, die entlüftete Trockengrubenlatrine (VIP – *ventilated improved pit latrine*), wird von den Gesundheitsbehörden als eine der besten Möglichkeiten angesehen, die *Musca sorbens* von den Menschen fernzuhalten. Das wichtigste Element dabei ist ein mit Fliegengitter versehenes Belüftungssystem, das die Gerüche herausfiltert und die Insekten am Eindringen hindert. Ein Vertreter des Carter Center – einer vom ehemaligen amerikanischen Präsidenten Jimmy Carter gegründeten Organisation, die sich unter anderem der Ausrottung von Krankheiten in Entwicklungsländern verschrieben hat – verkündete kürzlich, sie hätten vorgehabt, in Äthiopien 10 000 solcher Latrinen zu installieren, doch die Dorfbewohner seien davon so angetan gewesen, dass sie stattdessen 90 000 aufgestellt hätten. Mit Blick auf Jimmy Carters Jugend sagte der Sprecher: »Sie sehen in etwa so aus wie die Plumpsklos, die die Menschen in Georgia vor fünfzig Jahren benutzt haben.«

Familienbande: Zu dieser Familie gehören unter anderem auch die Gemeine Stubenfliege, *Musca domestica*, und die Gemeine Stechfliege, *Stomoxys calcitrans*, auch als Stallfliege bekannt.

DAS GEHT UNTER DIE HAUT

*Selbst den eingefleischtesten Insekten-
hasser kann man dazu bringen, die
Vorzüge eines Käfers, einer Spinne,
einer Ameise oder eines Tausend-
füßers anzuerkennen. Sie haben
durchaus ihren Nutzen, interessante Eigenarten und eine besondere,
wenn auch fremde Schönheit. Doch Maden mag niemand. Schon der Name
löst ein angewidertes Schaudern aus.
Diese weißen, wurmartigen Kreaturen
sind nichts anderes als Fliegenbabys und
keineswegs abstoßender als der Nachwuchs
anderer Insektenarten. Meistens findet man
sie dicht gedrängt an einer Nahrungsquelle, die ihre Mutter für
sie gefunden hat, und sie tun nichts anderes als essen und
wachsen, wie es sich für Kinder gehört. Was ist daran so
schlimm?
Nichts, es sei denn, die besagte Nahrungsquelle sind wir.*

Südamerikanische Dasselfliege   *Dermatobia hominis*

Reisende, die aus Mexiko oder Mittelamerika zurück-
kommen, bringen manchmal mehr mit nach Hause als
eine schöne Urlaubsbräune. Die Südamerikanische Dasselfliege schleicht sich gerne als blinder Passagier bei Touristen ein und wird erst entdeckt, wenn eine kleine rote Stelle,
die aussieht wie ein Insektenstich, nicht abheilt.

Diese Fliege hat eine geniale Methode, dem Menschen

unter die Haut zu gehen. Natürlich könnte sie einfach in eine offene Wunde kriechen, aber eine viel effektivere Strategie ist es doch, sich eine Stechmücke zu schnappen, Eier auf ihr abzulegen und sie dann auf die Suche nach einem Menschen zu schicken. Entweder fallen die Eier einfach von der Stechmücke herunter, wenn sie auf einem Arm oder Bein landet, oder die Larven schlüpfen, angeregt durch die Hautwärme, genau in dem Moment, wenn die Stechmücke den Menschen anzapft. Dann kriechen sie von der Stechmücke herunter und direkt in die winzige Stichwunde. Und falls gerade keine Stechmücke in der Nähe ist, nimmt die Dasselfliege für den Transport auch gerne eine Zecke.

Sofern sie ungestört bleiben, nisten die Larven sich unter der Haut ein und fressen zwei bis drei Monate munter vor sich hin, dann krabbeln sie heraus und lassen sich auf den Boden fallen, um sich zu verpuppen. Doch die meisten Menschen werden nicht in aller Ruhe abwarten, wenn sie eine Wunde haben, die nicht heilt, und obendrein das unangenehme Gefühl, dass sich etwas unter der Haut bewegt. Die Wunde kann wehtun und jucken, manchmal sondert sie ein übelriechendes Sekret ab, und einige Leute behaupten sogar, sie könnten hören, wie die Larven umherkrabbeln. Der einzige Trost ist, dass die Wunden sich dank einer antibakteriellen Substanz, die die Larven produzieren, nur selten entzünden.

Die Entfernung der Fliegenlarven ist nicht immer einfach, je nachdem wo sie sich eingenistet haben und wie der allgemeine Gesundheitszustand des menschlichen Wirts ist. Manche Leute werden einfach mit dem Rat nach Hause geschickt, das Ganze auszusitzen, doch das dürfte wohl nur für überaus interessierte Insektenfans erträglich sein. Andere versuchen, die Larven zu ersticken, indem sie die Wunde mit Klebeband, Nagellack oder Vaseline verschließen, und hoffen, dass sie sich dann leichter entfernen lassen. Einigen Ärzten gelingt es, die Eindringlinge mit einem Giftextraktor, einer kleinen Saugpumpe aus dem Erste-Hilfe-Koffer, aus der Haut zu holen, und manchmal ist auch eine chirurgische Entfernung möglich, sofern wirklich alle Larven vollständig herausoperiert werden können. Ein Hausrezept besteht darin, ein Stück rohen Speck über die Wunde zu legen, in der Hoffnung, dass die Larve Speck lieber mag als Menschenfleisch und so freiwillig ihr gemütliches Nest aufgibt.

Neuwelt-Schraubenwurmfliege *Cochliomyia hominivorax*

Jedem Lebewesen mit einem *hominivorax* – »Menschenfresser« – im Namen sollte man besser aus dem Weg gehen. Das wusste auch die Forschungsabteilung des amerikanischen Landwirtschaftsministeriums, als sie 1958 mit einer außergewöhnlich raffinierten Kampagne begann, um die Neuwelt-Schraubenwurmfliege auszulöschen. Sie setzten eine Vielzahl Männchen radioaktiver Strahlung aus, um sie unfruchtbar zu machen, und ließen sie dann überall im Süden der Vereinigten Staaten frei. Sobald diese sterilen Männchen sich gepaart hatten, starben die Weibchen mit hoher Wahrscheinlichkeit, ohne sich ein zweites Mal paaren zu können, und damit war ihr Lebenszyklus beendet.

Durch diese Bemühungen wurde die Neuwelt-Schraubenwurmfliege in den USA nahezu vollständig ausgerottet, und gelegentliche Massenvermehrungen ließen sich relativ leicht im Zaum halten. Eine große Erleichterung für das Vieh, das von ihnen besiedelt wird – und für uns.

Ein befruchtetes Weibchen legt 200 bis 300 Eier am Rand einer offenen Wunde oder an den Rändern der Schleimhäute ab, also an Augen, Nase, Mund oder Genitalien von Menschen und diversen Haus- und Wildtieren. Sobald die Larven schlüpfen und zu fressen beginnen, werden weitere Weibchen angelockt und legen ihrerseits dort Eier ab. Die Larven graben sich tief ins Fleisch – daher auch die Bezeichnung »Schraubenwurm« – und vergrößern dabei die Wunde, wodurch sich das Infektionsrisiko erhöht. Sie leben etwa eine Woche in ihrem Wirt, dann lassen sie sich für die Verpuppung zu Boden fallen.

Ein 1952 in Kalifornien registrierter Fall zeigt, wie problematisch diese Fliege früher war. Ein Mann, der in seinem Garten saß, wurde von einer Fliege belästigt, die ihm immer wieder um den Kopf schwirrte. Dann verschwand die Fliege, doch plötzlich kitzelte den Mann etwas in der Nase. Als er sich die Nase putzte, kam die Fliege heraus. Im Verlauf der nächsten Tage schwoll seine eine Gesichtshälfte so stark an, dass er zum Arzt ging. Der Arzt machte eine Nasenspülung und schwemmte damit 25 Maden heraus. Dasselbe musste er elf Tage hintereinander wiederholen, bis alle 200 Maden entfernt waren, die die Fliege bei ihrem kurzen Besuch in der Nase des Mannes hinterlassen hatte.

Während die Neuwelt-Schraubenwurmfliege in den Vereinigten Staaten heute kaum mehr als eine blasse Erinnerung ist, kommt sie in Mittel- und Südamerika noch recht häufig vor. Eine verwandte Art, die Altwelt-Schraubenwurmfliege *Chrysomya bezziana*, ist in Afrika, Südostasien, Indien und im Vorderen Orient verbreitet. Ärzte haben festgestellt, dass die steigende Beliebtheit von Abenteuersportarten sowie Dschungel- und Wüstenrennen die jüngere Generation von Amerikanern und Europäern wieder mit der Schraubenwurmfliege bekannt gemacht hat.

Tumbufliege	*Cordylobia anthropophaga*

In den Gebieten südlich der Sahara fürchten die Menschen das Auftauchen der Tumbufliege, deren Weibchen bis zu 300 Eier auf einmal in den Sandboden ablegen, vorzugsweise an Stellen, die mit Exkrementen verunreinigt sind. Kurioserweise lieben die Fliegenweibchen aber auch saubere Wäsche, die zum Trocknen draußen hängt, und legen ihre Eier so häufig auch darin ab, dass diejenigen, die es sich leisten können, ihre Wäsche in den Trockner tun oder bügeln, um die Eier abzutöten.

Sobald die Larven schlüpfen, graben sie sich in gesunde, unverletzte Haut, oft genug ohne dass ihr Opfer überhaupt etwas davon merkt. Während der darauffolgenden Tage bildet sich eine üble Blase, die, wenn sie nicht behandelt wird, juckt und schmerzt und eine unappetitliche Flüssigkeit absondert, eine Mischung aus Blut und den Exkrementen der Larven.

Sofern sie nicht vorher entfernt werden, verlassen die Larven ihren Wirt nach etwa zwei Wochen von allein. Obwohl die Tumbufliege nur in Afrika heimisch ist, sind auch anderswo Fälle aufgetreten, vermutlich weil die Eier mit einer Decke oder einem Kleidungsstück »importiert« wurden.

Buckelfliege	*Megaselia scalaris*

Diese Fliege, die überall auf der Welt vorkommt, hat ihren Namen von der buckelförmigen Aufwölbung ihres mittleren Körperabschnitts. Im Englischen wird sie auch als »Sargfliege« (*coffin fly*) bezeichnet, weil sie zu den zahlreichen Fliegenarten gehört, die von Leichen angezogen werden. Unglücklicherweise treibt sie sich aber auch unter den Lebenden herum.

Vor allem für den Urogenitaltrakt hat sie eine überaus unangenehme Vorliebe. In Gebieten mit schlechter Hygiene treten immer wieder Fälle von urogenitaler Myiasis auf – Besiedlung von Harnleiter, Harnblase oder Genitalien mit Eiern und Larven der Buckelfliege –, insbesondere wenn bereits eine Wunde oder Infektion in dem Bereich vorliegt.

Im Jahr 2004 wurde ein Iraner, der in Kuwait auf einer Baustelle arbeitete, von einem herabstürzenden Betonstück verletzt. Im Krankenhaus ließ er sich wegen Knochenbrüchen und Hautabschürfungen behandeln. Zwei Wochen später, als der Verband gewechselt wurde, krochen Buckelfliegenmaden aus der Wunde. Aufgrund des Alters der Larven ließ sich berechnen, dass der Mann im Krankenhaus infiziert worden war und dass die Fliegen unter seinen Verband gekrochen sein mussten, um ihre Eier abzulegen.

Auchmeromyia senegalensis

Menschen, die südlich der Sahara in Hütten leben, tun gut daran, sich vom Boden fernzuhalten, denn die *Auchmeromyia senegalensis* legt ihre Eier gerne auf dem warmen, trockenen Boden von Hütten, Höhlen oder Scheunen ab, in denen Tiere untergebracht sind. Wenn die Larven schlüpfen, kriechen sie nachts über den Boden, auf der Suche nach einem Warmblüter, von dem sie sich ernähren können. Sie zapfen auch Menschen an und saugen etwa zwanzig Minuten lang ihr Blut, wobei sie zwar schmerzhafte, geschwollene Bisswunden hinterlassen, aber wenigstens keine Krankheiten übertragen oder sich unter die Haut graben. Menschen, die auf Matten am Boden schlafen, können nicht verhindern, dass sie gebissen werden, wer das Glück hat, in einem Bett zu schlafen, wird hingegen kaum von diesen nächtlichen Blutsaugern belästigt.

PAEDERUSKÄFER

PAEDERUS SP.

Größe:	6–7 mm
Familie:	Staphylinidae (Kurzflügler)
Habitat:	feuchte Umgebungen, z. B. Wälder, Wiesen und wasserreiche Gebiete
Verbreitung:	nahezu weltweit, vor allem in Indien, Südostasien, China, Japan, im Vorderen Orient, in Europa, Afrika und Australien

Die schweren Regenfälle des El Niño brachten 1998 nicht nur Überschwemmungen nach Nairobi: Das feuchte Wetter sorgte auch für eine explosionsartige Vermehrung der Paeaderuskäfer. Vom Licht angelockt, krabbeln die Käfer in Schulen und Häuser. Da sie weder stechen noch beißen, wäre ihre Anwesenheit normalerweise nur lästig, doch sobald das Licht ausgeht, lassen sie sich fallen und landen auf demjenigen, der sich gerade unterhalb der Lampe befindet. Die normale Reaktion darauf ist, nach dem Käfer zu schlagen – dumm nur, dass er, wenn er zerquetscht wird, ein überraschend aggressives Gift namens Pederin ausstößt.

Wenn das Gift die Haut berührt, passiert zunächst nicht viel. Aber am nächsten Tag entwickelt sich ein Ausschlag, und ein paar Tage später bilden sich Blasen. Es dauert etwa zwei Wochen, bis die Haut zu heilen beginnt, und wenn die Stelle in der Zeit nicht sauber gehalten wird, können Infektionen entstehen. Ein einzelner Käfer kann eine Schwellung in der Größe eines Zweieurostücks verursachen. Schon ein Tropfen seines Gifts, der ins Auge gelangt, führt zu höllischen Schmerzen und einer vorübergehende Erblindung. In Kenia wurde die Situation so problematisch, dass das Gesundheitsministerium die Bürger aufforderte, abends kein Licht anzumachen, unter Moskitonetzen zu schlafen und nicht nach den Insekten zu schlagen, sondern sie wegzupusten. »Brush, don't crush«, lautete das Motto.

Massenhafte Fälle von Paederusdermatitis sind in Militärstützpunkten überall auf der Welt ein wiederkehrendes Problem, denn das helle Licht lockt die Käfer an, und die Soldaten wissen oft nicht, wie sie ihnen entkommen sollen. In den Zeltlagern im Irak schwirren die Käfer abends in Schwärmen um die Lampen herum. Es werden zwar überall elektrische Insektenvernichter aufgehängt, um zumindest einen kleinen Bereich zu schaffen, wo die Soldaten sich unbelästigt aufhalten können, aber im Gegensatz zu anderen Insekten werden die Paederuskäfer durch den Stromschlag nicht getötet. Somit müssen die Soldaten ihre Ärmel herunterkrempeln, um möglichst wenig bloße Haut als Angriffsfläche zu bieten – keine leichte Aufgabe in der Wüstenhitze.

Der Paederuskäfer ist klein und schmal, mit abwechselnd roten und schwarzen Segmenten und sehr kurzen Deckflügeln, die als solche nicht zu erkennen sind (einige Arten können auch gar nicht fliegen). Man kann sie leicht mit Ohrwürmern oder großen Ameisen verwechseln. Obwohl die Käfer in großer Zahl recht lästig sein können, fressen sie kleinere Insekten, unter anderem auch einige gefürchtete Pflanzenschädlinge, sodass die Bauern sie trotz des Risikos für die Feldarbeiter meist in Ruhe lassen.

Es gibt Vermutungen, dass der Paederuskäfer der Ursprung einer geheimnisvollen Legende über einen Vogel ist, der giftigen Kot ausschied. Ktesias, ein griechischer Arzt, der im 5. Jahrhundert einen Bericht über Indien verfasste, beschrieb darin ein Gift, das im Kot eines kleinen orangefarbenen Vogels vorkam. »Seine Ausscheidungen haben eine bemerkenswerte Eigenschaft«, schrieb er. »Wenn man eine Menge, die nicht größer ist als ein Hirsekorn, in Wasser auflöst, so genügt dies, um einen Mann bis zum Abend zu töten.« Von diesem giftigen Vogel, den er *dikairon* nannte, wurde nie eine Spur gefunden. Manche Historiker nehmen an, dass das Gift gar kein Vogelkot war, sondern ein leuchtend orange-schwarzer Paederuskäfer, der bisweilen auch in Vogelnestern lebt und irrtümlich für Kot gehalten werden kann. Ein Käfer, auf den diese Beschreibung passt, war bereits 739 v. Chr. in der chinesischen Medizin bekannt, und zwar als ein sehr starkes Gift, mit dem man Tätowierungen, Geschwüre und Hautflechten entfernen konnte. Möglicherweise hat es auch heute noch einen medizinischen Nutzen, denn das Pederin verhindert Zellwachstum und wird derzeit auf seinen möglichen Nutzen in der Krebsbehandlung erforscht.

Familienbande: Weltweit gibt es rund 620 Arten von Paederuskäfern. Sie gehören zur Familie der Kurzflügler, der auch der Schwarze Moderkäfer, *Ocypus olens*, zugeordnet wird, ein großer europäischer Käfer, der bedrohlich aussieht und auch beißt, wenn man ihn provoziert, sonst aber harmlos ist.

LEICHENSCHMAUS

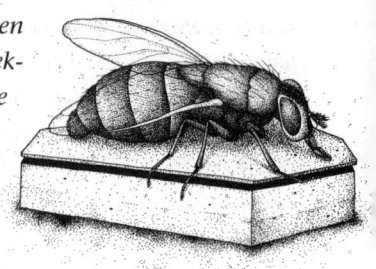

Die Wissenschaft der forensischen Entomologie – die Studie von Insekten, um Zeit, Ort oder Umstände eines Todesfalls zu ermitteln – ist nicht gerade neu. Bereits im 13. Jahrhundert wurde in China ein Buch verfasst (englischer Titel: »The Washing Away of Wrongs«), in dem unter anderem beschrieben wird, inwiefern die Besiedelung eines Leichnams mit Fliegen bei der Aufklärung eines Verbrechens hilfreich sein kann. Es wird sogar von einem Mordfall berichtet, der gelöst wurde, indem man beobachtete, was die Fliegen taten, als alle Dorfbewohner ihre Sicheln zur Überprüfung auf den Boden legten. Ein Großteil der Fliegen landete auf einer bestimmten Sichel, möglicherweise weil daran noch Spuren von Gewebe und Blut hafteten. Zur Rede gestellt, gestand der Besitzer der Sichel, dass er damit das Verbrechen begangen hatte.

Ähnliche Methoden werden auch heute noch angewandt. 2003 bekam Lynn Kimsey, eine Entomologin der University of California, Davis, Besuch von einem Polizeibeamten und zwei Agenten des FBI. Sie wollten wissen, ob sie die Insekten untersuchen könne, die am Kühlergrill und im Luftfilter eines Autos klebten, um festzustellen, welche Bundesstaaten es durchquert hatte. Sie vermuteten nämlich, dass der Verdächtige, ein Mann namens Vincent Brothers, von Ohio nach Kalifornien gefahren war, um seine Familie zu ermorden. Er jedoch behauptete, er habe Ohio nicht verlassen. Kimsey willigte ein, sich den Wagen anzusehen.

An dem Auto klebten dreißig verschiedene Insekten, aber sie waren zerschmettert, und sie musste die Identifizierungen anhand von Flügelfetzen, Beinen und zerquetschten Körpern vornehmen. Sie fand einen Grashüpfer, eine Wespe und zwei weitere Insekten, die nur bei einer Fahrt durch den Westen dorthin gekommen sein konnten. Bei dem Prozess 2007 wurde sie fünf Stunden lang als Zeugin vernommen, und die Geschworenen erklärten Brothers schließlich für schuldig.

Am häufigsten wird forensische Entomologie jedoch eingesetzt, um den Todeszeitpunkt festzustellen. Indem man die Insektenarten untersucht, die einen Leichnam befallen haben, und dies mit dem Wetter und anderen Informationen über den Tatort in Verbindung setzt, lässt sich feststellen, wie lange das Opfer bereits tot ist, ob eventuelle Verletzungen vor dem Tod eingetreten sind und ob der Leichnam nach dem Verbrechen noch bewegt wurde.

Schmeißfliegen

Die blau-grünen Mitglieder der Familie *Calliphoridae* sind meist die ersten, die nach einem Todesfall auftauchen, was unter anderem an ihrer Fähigkeit liegt, einen Leichnam aus 30 Meter Entfernung riechen zu können. Bisweilen tauchen sie bereits zehn Minuten nach einem Todesfall auf und legen Tausende von Eiern im Leichnam ab. Der Entwicklungsstand der Eier respektive der geschlüpften Larven kann helfen, den Todeszeitpunkt festzustellen. Allerdings bekommt man die Antwort nicht immer sofort; manchmal müssen Entomologen die Eier absammeln und warten, bis die Larven schlüpfen, um dann zurückzurechnen, wann der Tod vermutlich eingetreten ist.

Bei den Schmeißfliegen der Gattung *Calliphora*, den sogenannten Blauen Schmeißfliegen, verläuft die Entwicklung von Ei zu Larve zu Puppe sehr schnell, und bei warmem Wetter wird sie noch beschleunigt, deshalb müssen die Ermittler wissen, wie die Temperaturen im entsprechenden Zeitraum waren, und dies in Relation zum Entwicklungsstand der Insekten setzen.

Auch Kokain beschleunigt das Wachstum der Maden. Bei einem Mordfall in Spokane, Washington, wurde der Entomologe M. Lee Goff hinzugezogen, um einen wichtigen Punkt aufzuklären, der für Verwirrung gesorgt hatte. Einige der Larven, die auf dem Opfer gefunden wurden, waren so groß, dass sie bereits drei Wochen alt zu sein schienen, während andere noch ziemlich klein waren und einen Todeszeitpunkt vor wenigen Tagen nahelegten. Der Wissenschaftler konnte nachweisen, dass die größeren Larven sich rund um die Nase des Opfers aufgehalten hatten und dass die Tote kurz vor ihrem Tod Kokain geschnupft hatte. Nachdem dieses kuriose Detail geklärt war, konnte die Polizei den genauen Todeszeitpunkt feststellen.

Kurzflügler

Käfer aus der Familie der Kurzflügler (*Staphylinidae*) sind möglicherweise die Nächsten, die auftauchen, sobald der Tote nicht mehr ganz taufrisch ist. Angezogen werden sie vor allem von den Fliegenlarven, was allerdings auch bedeuten kann, dass sie die Indizien, die die Schmeißfliegen hinterlassen haben, unter Umständen vollständig auffressen.

Totengräberkäfer

Die Mitglieder der Gattung *Nicrophorus* werden vom Leichengeruch angelockt und kommen in der Regel herbei, um festzustellen, ob der Leichnam etwas ist, was sie vergraben können. Das hängt mit ihrem ungewöhnlichen Lebenszyklus zusammen: Wenn Totengräberkäfer eine tote Maus oder einen Vogel oder irgendein anderes kleines Tier finden, graben sie tatsächlich ein Loch, polstern es mit dem Fell oder den Federn des toten Tieres aus und bauen eine Art Gruft. Oft arbeiten dabei mehrere Käfer jeweils in Zweiergruppen zusammen und verbringen einen ganzen Tag mit der Beerdigung. Sobald der Kadaver vollständig bedeckt und damit vor anderen Räubern geschützt ist, legen die Weibchen ihre Eier in die Gruft, damit ihr Nachwuchs etwas zu fressen hat, wenn er schlüpft. Sie bleiben sogar in der Nähe und kümmern sich um ihre Brut, was bei Insekten äußerst selten vorkommt.

Bei einem menschlichen Leichnam findet man die Käfer oft unter dem Körper, wo sie kleine Fleischstücke begraben und unter Umständen wichtiges Beweismaterial vernichten. Bisweilen legen sie ihre Eier auch direkt in den Leichnam, da er zu groß ist, um ihn zu begraben. Es hat Fälle gegeben, wo sich die Totengräberkäfer beispielsweise in einer Stichwunde eingenistet und ihren Nachwuchs herangezogen haben. Sie ernähren sich auch von Schmeißfliegenlarven und schleppen manchmal winzige Milben ein, die die Eier der Schmeißfliegen fressen und so ebenfalls wertvolle Hinweise vertilgen.

Milben

Auch diese Winzlinge tauchen in verschiedenen Stadien auf. Die ersten sind die Milben der Gattung *Gamasoidae*, die auf den Käfern sitzen und die Eier der Schmeißfliegen fressen. Später kommen dann die Modermilben (*Tyrophagus putrescentiae*), um Schimmel, Pilze und Hautschuppen zu vertilgen.

Speckkäfer

Die Angehörigen der Familie *Dermestidae* besiedeln Leichname erst im fortgeschrittenen Verwesungszustand, also einen bis mehrere Monate nachdem der Tod eingetreten ist. Deshalb werden die Käfer auch gerne in naturwissenschaftlichen Museen eingesetzt, um Tierskelette, die ausgestellt werden sollen, sauber zu fressen. Zu einem noch späteren Zeitpunkt tauchen möglicherweise Käfer der Gattung *Necrobia* auf, die sich vorzugsweise von getrocknetem Fleisch ernähren und auch in Gräbern und auf ägyptischen Mumien gefunden wurden.

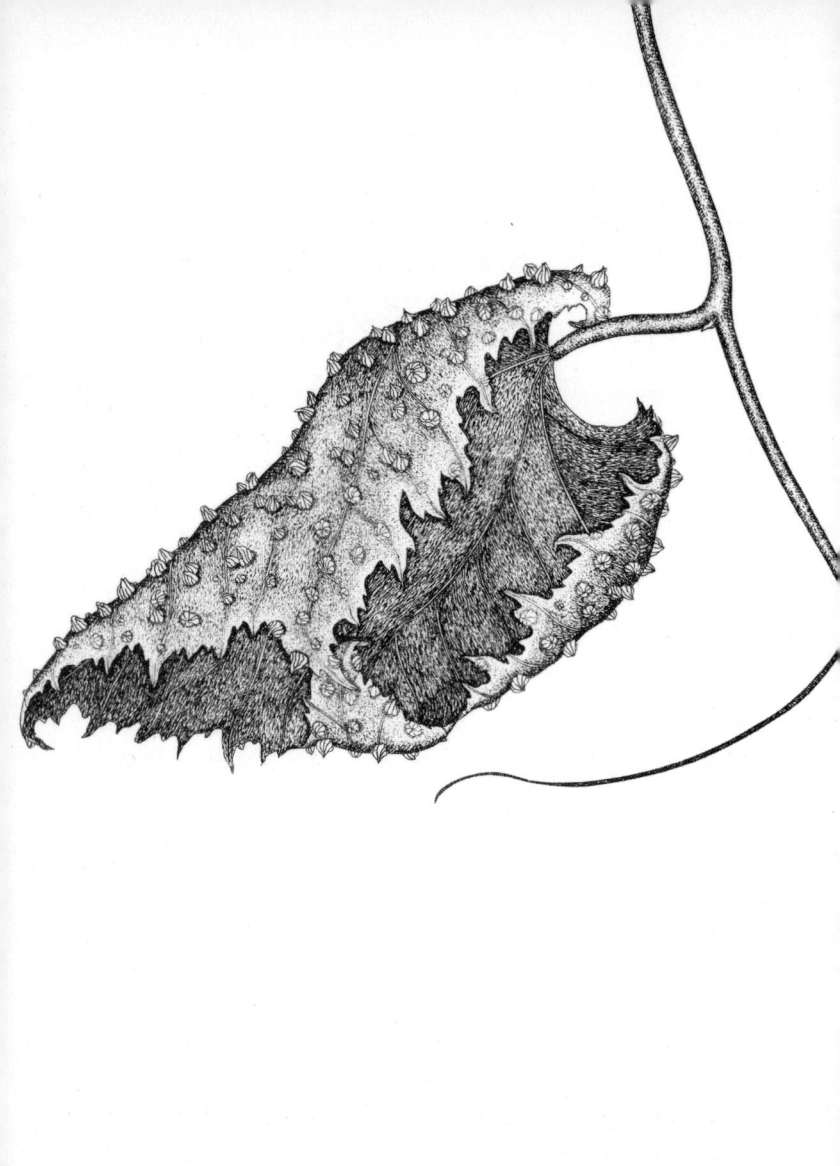

REBLAUS

DAKTULOSPHAIRA VITIFOLIAE (NORDAMERIKA), VITEUS VITIFOLIAE (EUROPA)

Größe: 1 mm
Familie: Phylloxeridae (Zwergläuse)
Habitat: Weinberge
Verbreitung: Weinanbauregionen überall auf der Welt,
                unter anderem in Nordamerika, Europa,
                Australien und in Teilen von Südamerika

Mitte des 19. Jahrhunderts war die französische Wein-industrie auf der ganzen Welt marktführend. Jeder dritte Franzose verdiente seinen Lebensunterhalt mit Wein. Die erlesenen Reben, der gute Boden und die Fachkennt-nis der Bauern brachten Weine von außerordentlicher Qualität hervor. Französische Ärzte rieten dazu, dreimal täglich ein Glas Wein zu trinken und dafür auf Tee und Kaffee zu verzichten. Und die Leute folgten dem Rat nur allzu gerne: Jeder Franzose trank im Durchschnitt 80 Liter oder rund 100 Flaschen Wein pro Jahr.

Und dann kamen die Amerikaner.

Da die einheimischen nordamerikanischen Rebsorten keine herausragenden Weine hervorbrachten, importier-ten die Amerikaner europäische Sorten, um eine eigene Weinindustrie aufzubauen. Und im Gegenzug pflanzten französische Weinbauern ein paar amerikanische Sorten,

wenn auch mehr als botanische Kuriosität. Dieser Austausch schien der Beginn einer wunderbaren Freund-
schaft – bis es Probleme mit den Reben gab.

Den Amerikanern fiel auf, dass die europäischen Reben, die in den Staaten gepflanzt wurden, bisweilen krän-
kelten. Die Blätter wurden gelb, vertrockneten und fielen
ab. Doch wenn die toten Reben ausgegraben wurden, war
nirgends eine Spur von einem Schädling oder einer Krankheit zu finden. Und was noch alarmierender war: Auch
die Reben in Frankreich wiesen plötzlich ganz ähnliche
Symptome auf. Nun machte man sich länderübergreifend
auf die Suche nach der Ursache des Problems.

Im Jahr 1886 entdeckten französische Botaniker schließlich den Schuldigen: ein winziges blattlausähnliches Insekt,
das sie *Phylloxera vastatrix* nannten (später umbenannt in
Daktulosphaira vitifoliae). Es saugte den

Saft aus den lebenden Pflanzen und
zog weiter, wenn diese abstarben, was
erklärt, warum es auf den toten Pflanzen nie gefunden wurde. Später stellte
sich dann heraus, dass das Insekt mit
einer amerikanischen Rebe nach Frank-
reich gekommen war. Doch fürs Erste interessierte die
Franzosen nur, wie sie es vernichten und ihre Weinindustrie retten konnten. Dazu mussten sie zunächst einmal
den Lebenszyklus ihres Feindes erforschen.

Sie fanden heraus, dass die Reblaus den wohl bizarrsten Lebenszyklus sämtlicher Lebewesen hatte, die ihnen je
begegnet waren. Das Ganze beginnt damit, dass eine weibliche Reblaus, eine sogenannte Fundatrix (»Gründerin«),
aus ihrem Ei schlüpft und sofort von dem Blatt, auf dem
sie geboren wurde, zu trinken beginnt. Das löst einen Hor-

monausstoß in der Pflanze aus, die daraufhin eine Art schützende Kugel um sie herum bildet, auch Blattgalle genannt. Darin wächst die Larve zu einer Reblaus heran, die dann – ohne je einem Männchen begegnet zu sein oder sich gar gepaart zu haben – etwa 500 weibliche Eier in der Galle ablegt und stirbt.

Die nächste Generation Weibchen schlüpft und wiederholt den Vorgang, sprich: Jedes Exemplar sorgt für die Bildung von Blattgallen und legt dort Eier ab, ohne sich zu paaren. Das geht über Monate so weiter, Generation um Generation schlüpft, legt Unmengen von Eiern und stirbt. Eine einzige Fundatrix kann so bis zum Ende des Sommers Milliarden von Rebläusen erzeugen, die allesamt den Saft aus den Pflanzen saugen.

Die letzte Generation fällt zu Boden und nistet sich in den Wurzeln ein, jeweils etwa tausend von ihnen pro 30 Gramm Wurzelmasse. Ein Teil von ihnen überwintert dort, und diejenigen, die im Frühjahr schlüpfen, haben Flügel und sind somit in der Lage, zu anderen Weinbergen in der Nähe zu fliegen. Einige dieser geflügelten Wesen legen weibliche Eier, andere männliche. Die Generation, die daraus schlüpft, hat nur eines im Sinn: den Mangel an sexueller Aktivität bei ihren Vorfahren wieder wettzumachen. Die Männchen fressen nicht – sie haben nicht einmal Mund oder Anus –, sondern tun nichts anderes, als sich unablässig zu paaren, bis sie sterben. Die Weibchen dieser Generation sind imstande, Fundatrix-Eier zu legen, sodass der ganze Zyklus wieder von vorn beginnen kann. Bei diesem Fortpflanzungstempo dauert es nicht lange, einen ganzen Weinberg auszusaugen und sekundäre Pilzinfektionen zu verursachen, die der Traubenernte ein Ende bereiten.

Das alles zu durchschauen war verständlicherweise mühsam. Aber die Frage, was man denn nun dagegen unternehmen sollte, war noch viel schwieriger. Auch wenn die Franzosen es nur ungern akzeptieren mochten, bestand die einzige Lösung darin, sich den Rebsorten zuzuwenden, die die Plage überhaupt erst nach Frankreich gebracht hatten. Die amerikanischen Reben waren nämlich von Natur aus resistent gegen die amerikanische Reblaus, und die französische Weinindustrie war nur zu retten, indem man die erlesenen europäischen Reben auf die robusten amerikanischen Wurzelstöcke propfte.

Doch wie schmeckte der Wein? Der französische Wissenschaftler Jules Lichtenstein verkündete 1878: »Die Reben Frankreichs sind dem Tode geweiht ... aber die Weine Frankreichs werden weiterleben, wiederauferstanden durch die widerstandskräftigen Rebstöcke Amerikas.« In der Tat wurden die französischen Weine durch die amerikanischen Wurzelstöcke vor der Reblaus gerettet und stiegen erneut zum Führer des Weltmarkts auf. Doch bis heute sind Weine von den wenigen noch existierenden Reben aus der Zeit vor der Reblauskatastrophe (unter anderem einige, die vor Jahrhunderten von Spaniern in Chile gepflanzt wurden) bei Weinliebhabern äußerst begehrt.

Familienbande: Rebläuse sind mit einer ganzen Anzahl anderer saugender Insekten verwandt wie zum Beispiel den Blattläusen und den Zikaden.

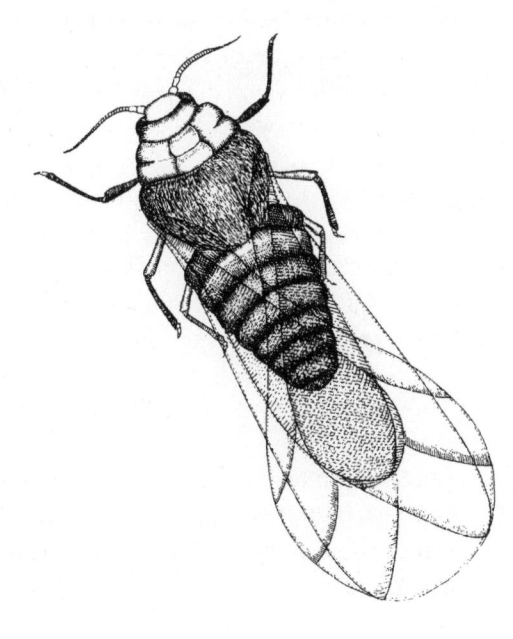

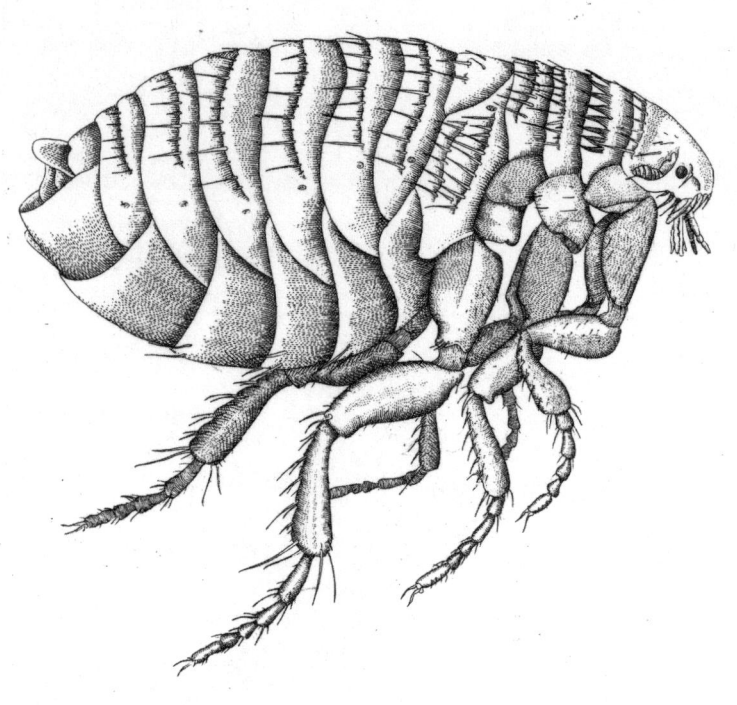

SANDFLOH

TUNGA PENETRANS

Größe:	1 mm
Familie:	Tungidae (Sandflöhe)
Habitat:	sandige, warme Böden, Wüsten, Strände
Verbreitung:	tropische Regionen überall auf der Welt, vor allem in Südamerika, Indien, Afrika und in der Karibik

Bei seiner zweiten Reise in die Neue Welt gründete Christoph Kolumbus eine Kolonie auf der Insel Hispaniola, auf der heute Haiti und die Dominikanische Republik liegen. Dabei hatten er und seine Männer mit vielen Schwierigkeiten zu kämpfen – schlechte Ausrüstung, Nahrungsmangel und Auseinandersetzungen mit den Eingeborenen –, doch nichts machte ihnen so sehr zu schaffen wie der winzige Sandfloh.

Francisco de Oviedo, der rund dreißig Jahre später über Kolumbus' Reisen schrieb, vermerkte: »Es gab zwei Plagen, unter denen die Spanier und die neuen Siedler litten, und beide stammen aus diesem Land. Die erste ist die Syphilis, die zunächst nach Spanien gebracht wurde und von dort aus in andere Teile der Welt ... und die andere ist der Sandfloh.« Daraufhin erklärte er – erstaunlich akkurat für einen Naturwissenschaftler des 16. Jahrhunderts –, wie sich der Floh unter die Zehennägel grub, dort seine Eier ablegte und dabei »einen kleinen Sack von der Größe einer

Linse oder einer Kichererbse« bildete. Er schrieb weiter, es sei zwar möglich, den Floh mit einer feinen Nadel zu entfernen, doch »viele verloren wegen des Sandflohs ihre Füße. Oder zumindest ein paar Zehen ... wenn nur Eisen oder Feuer noch Heilung versprachen«. Vermutlich wollte er damit sagen, dass Kolumbus' Männer sich vor lauter Verzweiflung die Zehen abtrennten, um sich von den Qualen zu befreien. Obgleich es nicht allzu schwer gewesen sein dürfte, den Befall frühzeitig mit einer sterilen Nadel zu behandeln, berichtete Oviedo: »Am Ende waren die Spanier dabei ebenso erfolglos wie bei der Heilung der Syphilis.«

Das Weibchen des Sandflohs gräbt sich unter die Haut des Wirts, indem sie einfach ein Loch hineinbeißt, nistet sich dort ein und ernährt sich vom Blut, bis sie ungefähr auf die Größe einer Erbse angeschwollen ist. Dabei sorgt sie dafür, dass die Wunde nicht zuheilt, damit sie Luft bekommt und männliche Besucher empfangen kann, wenn es sie danach gelüstet. Manchmal kann man ihr Hinterteil als winzigen schwarzen Punkt inmitten der Wunde erkennen. Im Laufe der nächsten ein oder zwei Wochen legt sie etwa hundert Eier, und obwohl diese Eier für denselben Sandboden bestimmt sind, aus dem das Flohweibchen stammt, bleiben sie meist an der Wunde kleben, was für einen wahrhaft unappetitlichen Anblick sorgt: schwärende Wunden, umgeben von kleinen weißen Eihaufen. Auch ohne Fremdeinwirkung lösen sich die Eier irgendwann, und nach etwa einem Monat Aufenthalt unter der Haut stirbt das Weibchen und fällt ebenfalls aus der Wunde – doch vorher sorgt sie noch dafür, dass ihr Wirt ernsthafte Probleme bekommt.

Touristen, die sich an einem tropischen Strand diesen

Floh einfangen, erleben normalerweise nicht den ganzen Lebenszyklus. Sie bemerken die offene Stelle an ihrem Fuß und gehen sofort zum Arzt, wo die Wunde sorgfältig gereinigt und der Floh entfernt wird, bevor es zur Eiablage kommt. Doch in ärmeren Gebieten leben Menschen oft mit Dutzenden solcher Wunden an ihren Füßen, was zu chronischen Entzündungen, Wundbrand und sogar zum Verlust der Zehen führen kann. Da die Flöhe auch Tiere befallen, sind Menschen, die in der Nähe von Nagetieren oder Vieh leben, wesentlich häufiger davon geplagt als Touristen, die nur am Strand spazieren gehen.

Vor Kurzem zeigte eine Studie, die in einer Favela im Nordosten von Brasilien durchgeführt wurde, dass rund ein Drittel der Bevölkerung von den Flöhen befallen war oder, wie die fachsprachliche Bezeichnung lautet, unter Tungiasis litt. Manche Menschen hatten über hundert Wunden an Füßen, Händen und der Brust. Der Befall war so stark, dass einige kaum laufen oder etwas anfassen konnten. Sie hatten ihre Finger- und Zehennägel verloren. Die Forscher hoben hervor, dass die Ärzte der Umgebung Parasiten wie den Sandfloh nur zur Kenntnis nahmen und behandelten, wenn man sie ausdrücklich darum bat. Die Vorstellung, dass ein Arzt Dutzende offener, mit Parasiteneiern besetzter Wunden einfach ignoriert, erscheint uns unvorstellbar, zeigt aber umso drastischer, wie verbreitet die Plage dort ist.

Die Behandlung der Menschen, die an der Studie teilnahmen, bestand aus einer schlichten Reinigung, einer Tube mit Salbe und einem Paar Leinenschuhen – verbunden mit dem dringenden Rat, sie auch zu tragen.

Familienbande: Außer dem Sandfloh gibt es noch eine ganze Anzahl anderer winziger Flöhe, die Vögel und Säugetiere befallen, vorwiegend in Südamerika.

FÜRCHTE DICH NICHT

Die Entomologen Robert Coulson und John Witter haben untersucht, wie Menschen auf Insekten reagieren, wenn sie ihnen in der freien Natur begegnen. Sie stießen auf fünf verschiedene typische Reaktionen:

Totes-Insekt-Syndrom, bei dem die Menschen nahezu automatisch mit Totschlag reagieren, sobald sie ein Insekt erblicken, insbesondere auf Zeltplätzen oder an Picknicktischen.

Perfektes-Blatt-Syndrom, bei dem Wanderer und Camper die Parkverwaltung alarmieren, sobald sie auch nur die winzigste Bissspur an einem Blatt oder Baum entdecken. (In Anbetracht der Tatsache, dass die meisten Insekten Pflanzen fressen müssen, um zu überleben, sind solche Spuren unausweichlich.)

Entomophobie – eine irrationale Angst vor Insekten, die dazu führen kann, dass manche Menschen jeden Kontakt mit der Natur meiden.

Null-Reaktion – die Reaktion der Menschen, die wissen, dass Insekten zum Leben in der Natur dazugehören und einfach toleriert werden sollten.

Umweltschützer-Syndrom, bei dem die Menschen überzeugt sind, dass Insektizide auf gar keinen Fall eingesetzt werden dürfen, und sämtliche Insekten unter allen Umständen schützen wollen.

Von all diesen Reaktionen ist uns die Entomophobie vermutlich am vertrautesten. Die meisten von uns wissen, wie sich ein Anfall irrationaler Angst anfühlt: Schwindelgefühle, schwitzige Hände, Tunnelblick und Herzrasen. Eine ausgeprägte Phobie kann lähmende Panikattacken auslösen. Wenn das Objekt der Angst Insekten sind – die in der Regel unerwartet und an den seltsamsten Orten auftauchen –, kann eine Phobie bei vielen dazu führen, dass sie kreischend aus dem Zimmer laufen. Noch schlimmer ist es, wenn die Menschen dann wahllos zu Insektiziden greifen, denn die Chemikalien sind oft eine viel größere Bedrohung für die menschliche Gesundheit als die Insekten, gegen die sie eingesetzt werden.

Aber damit nicht genug: Eine britische Versicherung führte 2008 eine Studie durch, wonach über eine halbe Million englischer Autofahrer einen Unfall erlitten haben, der durch ein Insekt ausgelöst wurde (oder, genauer gesagt, durch die Ablenkung wegen eines Insekts im Auto). Drei Prozent der befragten Fahrer gaben an, sie würden nie mit offenem Fenster fahren, weil sie Angst hätten, dass ein Insekt hereinkäme. Nun lässt die Versicherung ein Schutznetz entwickeln, das vor Autofenster gespannt werden kann.

Psychologen helfen Menschen durch einen langsamen, behutsamen Prozess der Desensibilisierung, ihre Phobien zu überwinden. Bei einer Insektenphobie könnte eine Therapie damit beginnen, dass der Betroffene ein Bild von einem Insekt malt. Im Verlauf der nächsten Sitzungen würde das Bild dann immer lebensechter, bis derjenige es schließlich wagen würde, ein Foto des gefürchteten Lebewesens zu betrachten. Dann schaut er sich vielleicht ein totes Exemplar in einem Glasbehälter an, erst aus sicherer Entfernung, dann allmählich aus der Nähe. Sobald es möglich wäre, das tote Insekt eingehend anzusehen, ohne in Panik zu geraten, würde es gegen ein lebendes Exemplar ausgetauscht. Im besten Fall würde der Patient irgendwann imstande sein, ein lebendes Insekt zu tolerieren, das über einen Tisch läuft, und sich darüber zu unterhalten,

*dass die meisten Insekten, Spinnen und anderes krabbelndes
und schleimiges Getier keine wirkliche Gefahr darstellen.*
*Doch eigentlich besteht der erste Schritt darin, die Angst zu
identifizieren. Die Benennung einer Phobie ist eher eine Kunst
als eine Wissenschaft, und Psychologen erkennen Phobien offi-
ziell nur als grobe Kategorie an und verwenden die Bezeichnung für alle möglichen hartnäckigen und irrationalen Ängste.
Hier ist eine kleine Auswahl der Begriffe, die erfunden wurden,
um die Angst vor einem bestimmten Insekt zu bezeichnen:*

Acarophobie – Angst vor Milben
Apiphobie – Angst vor Bienen
Arachnophobie – Angst vor Spinnen
Cnidophobie – Angst vor Insektenstichen
Entomophobie – Angst vor Insekten
Helminthophobie – Angst vor Wurmbefall
Isopterophobie – Angst vor holzfressenden Insekten
Katsaridaphobie – Angst vor Küchenschaben
Lepidopteraphobie – Angst vor Schmetterlingen
Myrmecophobie – Angst vor Ameisen
Parasitophobie – Angst vor Parasiten
Pediculophobie – Angst vor Läusen
Scoleciphobie – Angst vor Wurmparasiten
Spheksophobie – Angst vor Wespen

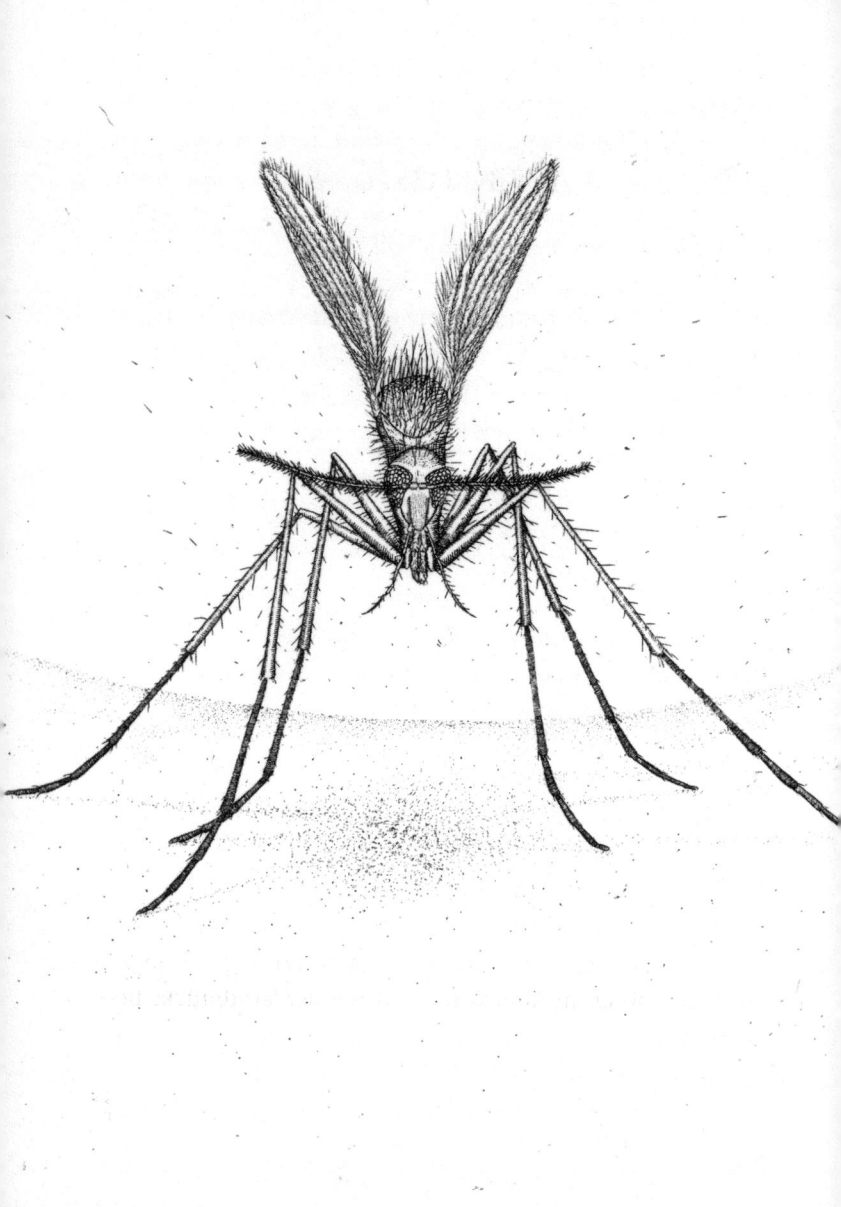

SANDMÜCKE

PHLEBOTOMUS SP.

Größe:	bis 3 mm
Familie:	Psychodidae (Schmetterlingsmücken)
Habitat:	Wälder, bewaldete Feuchtgebiete und sandige Areale in der Nähe von Gewässern in tropischen und subtropischen Klimazonen
Verbreitung:	*Phlebotomus*-Arten kommen im Vorderen Orient, im Süden Europas und in Teilen von Asien und Afrika vor. Sandmücken der Gattung *Lutzomyia*, die ebenfalls die Leishmaniose übertragen, findet man in vielen Gebieten Südamerikas.

Der britische Fernsehstar Ben Fogle hatte jede Menge Gelegenheiten, sich üble exotische Krankheiten einzufangen. Für diverse Abenteuersendungen der BBC hat er sich auf einer abgelegenen Insel der Äußeren Hebriden aussetzen lassen, den Atlantik in einem Ruderboot überquert und die Sahara zu Fuß durchlaufen. Er schien unbesiegbar – bis er im Alter von 34 Jahren der Sandmücke begegnete.

Diese winzige, weizenfarbene Mücke lebt, wenn sie ausgewachsen ist, nur zwei Wochen. Die Weibchen brauchen Blutmahlzeiten, um ihre Eier zu ernähren, und obwohl man die eigentlichen Stiche kaum spürt, können sie äußerst unangenehm sein. In Gebieten, die von Sandmücken besiedelt sind, wird man oft gleich von einem ganzen Schwarm heimgesucht, da das Männchen, das selbst gar nicht sticht, wie bei den Gnitzen, potenzielle Wirte in der Hoffnung umschwirrt, dass dort ein Weibchen zum Abendessen auftaucht. Was einem wie ein Massenangriff vorkommt, ist also in Wirklichkeit ein aufwendiges Paarungsritual, bei dem eine Nahrungsquelle – nämlich man selbst – im Mittelpunkt steht. In der Biologie nennt man eine solche Ansammlung von Männchen zum Zweck der Balz »Lek«.

Wenn ein Weibchen sticht, schiebt sie als Erstes ihre Mundwerkzeuge in die Haut, wobei sie ihre gezähnten Mandibeln wie eine Schere benutzt, damit ein Blutstropfen austritt, den sie trinken kann. Dann injiziert sie eine Substanz, die die Gerinnung verhindert und es ihr erlaubt, ihre Mahlzeit in Ruhe einzunehmen. Die Sandmücken übertragen verschiedene Krankheiten, aber die bekannteste ist vermutlich die Leishmaniose. Und genau diese Krankheit hätte Ben Fogle nach einer Expedition durch Peru fast das Leben gekostet.

Während er im Dschungel unterwegs war, machten sich bei Fogle malariaähnliche Symptome bemerkbar – Schwindelgefühle, Kopfschmerzen, Appetitlosigkeit –, aber er filmte weiter und kehrte dann nach London zurück, um sich auf eine Expedition an den Südpol vorzubereiten. Während des Trainings brach er zusammen und lag wochenlang im Bett, während die Ärzte herauszufinden versuchten, was mit ihm los war. Sämtliche Tests auf Malaria und andere bekannte Krankheiten waren negativ. Erst als sich an seinem Arm eine hässliche Wunde bildete, dämmerte ihm allmählich, was er hatte.

Leishmaniose wird durch einen parasitären Einzeller ausgelöst, der durch den Stich der Sandmücke vom Tier auf den Menschen übertragen wird. Die Krankheit kann verschiedene Formen annehmen: Die kutane Leishmaniose führt zu einer Wunde, die mehrere Monate, manchmal auch ein Jahr braucht, bis sie verheilt; bei der viszeralen Leishmaniose, die tödlich verlaufen kann, siedelt sich der Parasit in den inneren Organen an; die mukokutane Leishmaniose schließlich ruft Magengeschwüre und langwierige Schäden an der Schleimhaut von Mund und Nase hervor. Fogle hatte das Pech, die gefährlichere viszerale Form zu erwischen. Er musste über lange Zeit intravenös behandelt werden, ist aber mittlerweile wieder dabei, zu schreiben, zu reisen und neue Shows zu moderieren.

Die weniger dramatische kutane Form der Krankheit ist im Vorderen Orient ein solches Problem, dass die dort stationierten Truppen die Wunden als »Orientbeulen« bezeichnen. Als die amerikanischen Soldaten 1991 aus dem Golfkrieg zurückkamen, wurden sie gebeten, zwei Jahre lang kein Blut zu spenden, um sicherzustellen, dass sie keine Leishmaniose übertrugen. 2003 brach die Krankheit erneut aus; obwohl militärische Berater vor der Krankheit gewarnt hatten, gab es viel zu wenig Insektensprays und Moskitonetze. Schätzungen zufolge infizierten sich über 2000 Soldaten, aber die Dunkelziffer kann auch wesentlich höher liegen, da die Soldaten meist im Feld behandelt und nicht in die Militärkrankenhäuser geflogen werden, und diese Fälle tauchen in den Statistiken nicht auf. Unglücklicherweise erkennen die Ärzte in den Vereinigten Staaten die Hautwunden meist nicht, da die Krankheit dort nur sehr selten vorkommt – und das kann zu Fehldiagnosen und Verzögerungen in der Behandlung führen.

Weltweit infizieren sich jährlich etwa 1,5 Millionen Menschen mit der kutanen Form der Krankheit und 500 000 mit der viszeralen Form. Die Medikamente, die zur Behandlung eingesetzt werden, sind selbst nicht ungefährlich und erfordern strenge Überwachung. Obwohl intensiv nach einem Impfstoff geforscht wird, besteht der einzige zuverlässige Schutz vor der Krankheit bisher darin, der Sandmücke aus dem Weg zu gehen, die trotz ihres Namens nicht nur in der Wüste vorkommt, sondern auch in den Tropen und Subtropen.

Familienbande: Unter diesen blutsaugenden Mücken gibt es Dutzende von Arten, die Krankheiten übertragen, aber das Insekt, das die meisten Amerikaner meinen, wenn sie von der »sand fly« sprechen, ist ein entfernter Verwandter, der zur Familie der Gnitzen gehört.

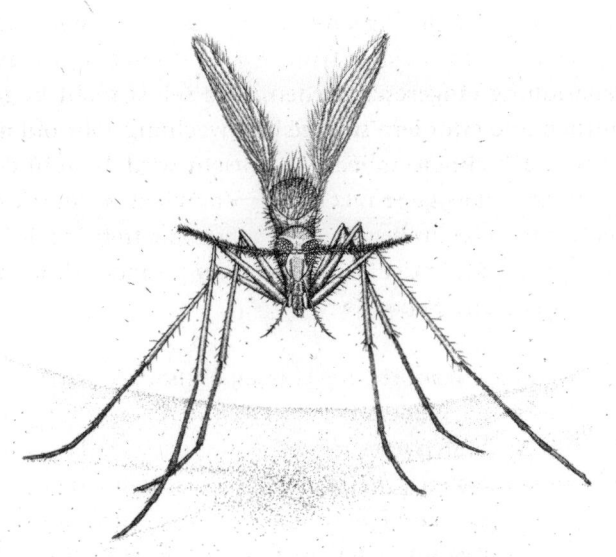

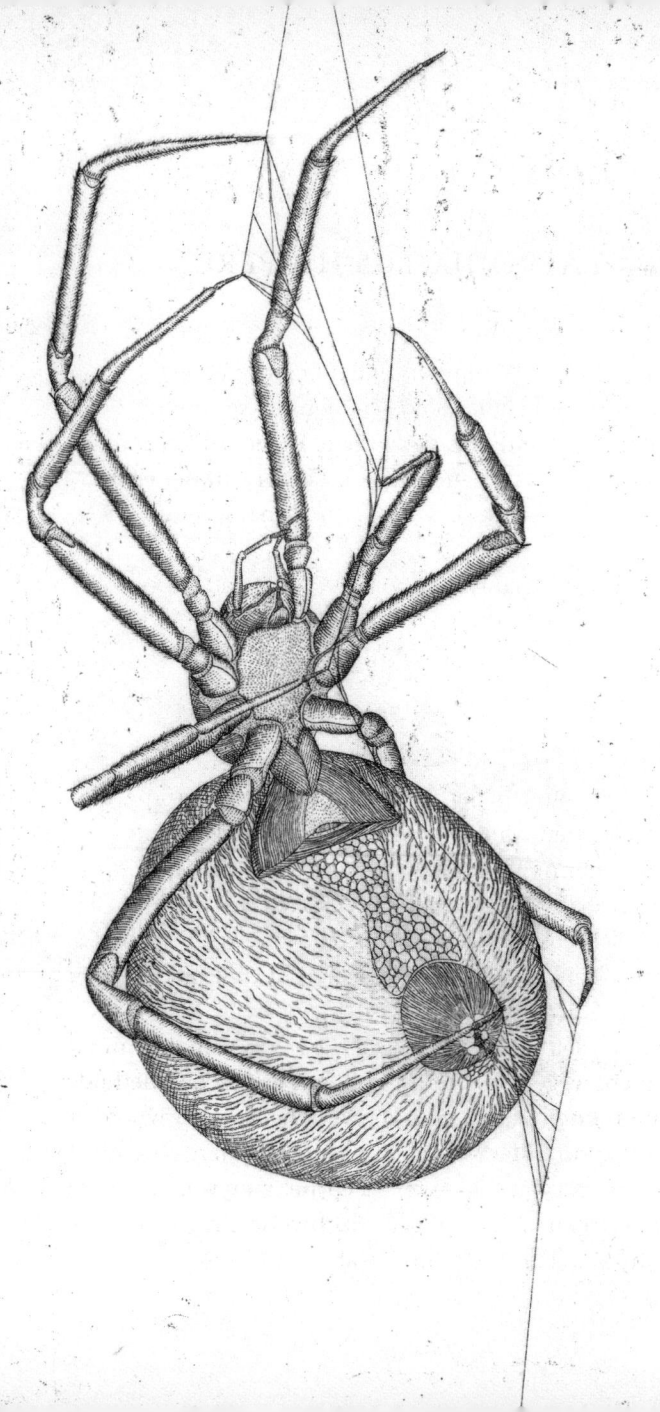

SCHWARZE WITWE

LATRODECTUS HESPERUS

Größe:	38 mm (einschließlich der Beine)
Familie:	Theridiidae (Haubennetzspinnen)
Habitat:	dunkle, verborgene Ecken; in Holzstapeln und Steinhaufen, unter Sträuchern und Bäumen, in Schuppen, Scheunen und Kellern
Verbreitung:	nahezu weltweit – Nord- und Südamerika, Afrika, Vorderer Orient, Europa, Asien, Australien und Neuseeland

An alle, die es angeht«, schrieb der 26-jährige Stephen Liarsky in seinem Abschiedsbrief. »Wenn ein Mann sich das Leben nimmt, dann gehört es sich, den Grund dafür zu nennen. Mein Grund ist, dass ich keine Arbeit habe. Ich habe niemanden auf der Welt außer einer Frau, die ich schrecklich liebe, und sie ist zu gut für mich. Ich schäme mich, weil ich ein Versager bin und nie etwas zustande bringe. Gott schütze Rose. Lebt wohl.«

Dieser Selbstmord im Jahr 1935 war ungewöhnlich, aber nicht wegen des Motivs, sondern wegen der Methode: der Biss einer Schwarzen Witwe. Die Spinne wurde in einem Karton unter Mr. Liarskys Bett gefunden, zusammen mit diversen Papieren, denen zu entnehmen war, dass er sie in Kalifornien erstanden und Nachweise eingeholt hatte, dass ihr Biss definitiv tödlich war.

Er starb zwei Tage später. Der herbeigerufene Arzt fand eine Packung Schlaftabletten unter dem Kopfkissen und kam zu dem Schluss, dass die Tabletten für seinen Tod verantwortlich waren, nicht die Spinne. Doch die Information kam zu spät, zu dem Zeitpunkt hatte der »Spinnen-Selbstmord« bereits landesweit Schlagzeilen gemacht. Bald darauf tauchten mehrere aufsehenerregende Berichte über Todesfälle aufgrund von Schwarzen Witwen in den Nachrichten auf. Ein Reporter in Texas versuchte zu beweisen, dass ein Selbstmord durch eine Schwarze Witwe unmöglich sei, indem er (vergeblich) versuchte, eines dieser Spinnenexemplare dazu zu bringen, ihn zu beißen. In Oklahoma wurde ein Spezialausschuss gegründet, um die Spinne im gesamten Staatsgebiet auszurotten, angeblich zum Schutz der Kinder. Im Jahr 1939 tötete der Londoner Zoo seine Schwarzen Witwen und alle giftigen Schlangen und Insekten als Vorsichtsmaßnahme für den Fall, dass die Tiere bei Luftangriffen befreit würden.

Die Schwarze Witwe ist vielleicht die bekannteste und gefürchtetste Spinne der Welt. Rund 40 verschiedene Arten der *Latrodectus* gibt es in Nord- und Südamerika, Afrika, Australien und Europa. Der runde, schwarze Hinterleib des Weibchens trägt häufig (aber nicht immer) eine auffällige rote Zeichnung in Form eines Stundenglases. Die Männchen – klein, hellbraun und ohne jede Ähnlichkeit mit ihren Frauen – beißen überhaupt nicht, sodass sie in der Geschichte dieser furchterregenden Geschöpfe kaum eine Rolle spielen.

Obgleich der Name dieser Spinnenart aus dem Glauben resultiert, dass die Weibchen die Männchen nach der Paarung stets auffressen, gilt dies in erster Linie für die australische Variante, die Rotrückenspinne (*Latrodectus hasselti*). Das Männchen gibt sich solche Mühe, die Aufmerksamkeit des Weibchens zu erregen, dass er seiner Angebeteten manchmal seinen Hinterleib als Abendessen anbietet, während er versucht, sich mit ihr zu paaren. Er stellt sich auf den Kopf, drapiert seinen Hinterleib über ihrem Maul und versucht, seine Aufgabe so schnell wie möglich zu vollbringen, während sie ihn mit Verdauungssäften überzieht und anfängt zu knabbern. Wenn er nicht schnell genug ist, stirbt er tatsächlich aus Liebe.

Bei einer einzigen Paarung lagert eine weibliche Schwarze Witwe genug Sperma ein, um für den Rest ihres Lebens Eier zu legen. Während dieser ein bis zwei Jahre spinnt sie etliche Kokons und füllt jeden davon mit Hunderten von Eiern, wobei jedoch meist nur ein paar Dutzend Nachkommen das Erwachsenenstadium erreichen. Wenn die Jungspinnen drei Wochen alt sind, setzen sie sich auf das Netz ihrer Mutter und warten auf einen günstigen Wind, dann seilen sie sich an einem dünnen Seidenfaden ab, lassen sich davontragen und bauen dort, wo sie landen, ein eigenes Netz.

Schwarze Witwen sind nicht sonderlich erpicht darauf, Menschen zu beißen, viel lieber benutzen sie ihre Kieferklauen dazu, andere Insekten zu fangen. Sie spritzen Verdauungssäfte in ihre Beute, sodass sie sich von innen auflöst, und saugen sie dann aus. Wenn sie von einem Menschen provoziert werden und tatsächlich beißen, injizieren sie ein wenig Gift in die Haut, was kaum wehtut und manchmal sogar überhaupt nicht zu spüren ist. Problematisch wird es erst, wenn das Gift das Nervensystem erreicht. Die Toxine lösen dort eine Art Gewitter aus, was zu Muskelschmerzen und Krämpfen führt. Man fängt an zu zittern, es wird einem schwindelig, und das Herz fängt entweder an zu rasen oder schlägt gefährlich langsam. Manche bekommen auch Schweißausbrüche, vor allem rund um die Bissstelle. Ärzte nennen diese Symptomatik *Latrodectismus*, nach dem wissenschaftlichen Namen der Gattung.

Der Biss ist nur selten tödlich, aber man sollte die Symptome auf jeden Fall behandeln lassen, da sie schmerzhaft sind und den Körper schwächen. In schweren Fällen wird manchmal auch ein Gegengift verabreicht, hergestellt aus dem Blutserum von Pferden, denen zuvor das Gift der Schwarzen Witwe injiziert wurde. Dieses Gift bekommt man nur, indem man lebende Schwarze Witwen »melkt« – ein mühsamer Prozess, bei dem die Spinnen mit einem leichten Elektroschock dazu gebracht werden, ihr Gift auszustoßen, das dann mit einem schmalen Röhrchen aufgesogen wird. Der Elektroschock führt oft dazu, dass die Spinnen sich übergeben, weshalb zwei separate Saugröhrchen installiert werden müssen, um das Gift vom Mageninhalt zu trennen.

Schwarze Witwen werden allerdings bissig, wenn sie sich gefangen fühlen. In den Tagen der Plumpsklos versteckten sich oft Spinnen unter dem Sitz, und sobald ihnen der Weg nach draußen versperrt wurde, griffen sie an. Doch glücklicherweise gehören diese quälenden Bisse in die empfindlichsten Körperteile dank moderner Sanitäranlagen inzwischen der Vergangenheit an.

Familienbande: Die Gattung *Latrodectus* umfasst rund 30 Arten giftiger Spinnen. Sie gehören zu einer großen und bunten Familie namens Haubennetzspinnen.

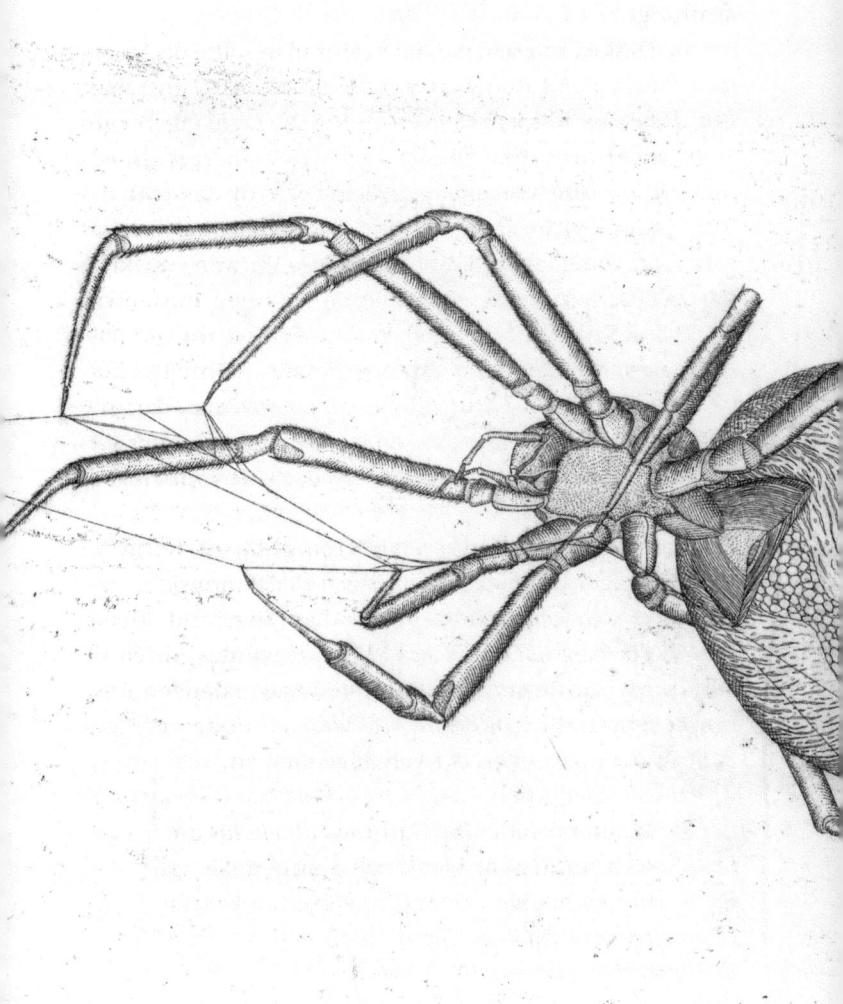

STACHELIGE RAUPEN

Eine 22-jährige Kanadierin entdeckte nach ihrer Rückkehr aus dem Urlaub in Peru merkwürdige blaue Flecken an ihren Beinen. Vier Tage lang sah sie zu, wie die Flecken immer größer statt kleiner wurden. Davon abgesehen war sie vollkommen gesund. Der Arzt fragte sie, ob während ihres Urlaubs irgendetwas Ungewöhnliches passiert sei, und sie sagte, dass sie eine Woche zuvor in Peru barfuß spazieren gegangen und dabei auf fünf Raupen getreten war. Ein starker, stechender Schmerz war ihr ins Bein geschossen, sodass sie kaum noch laufen konnte. Kopfschmerzen hatte sie auch bekommen. Aber am nächsten Tag war alles wieder in Ordnung gewesen, und so war sie nicht auf die Idee gekommen, einen Arzt aufzusuchen. Nach ihrer Rückkehr begann das mit den blauen Flecken. Einige waren so groß wie ihre Hand und wuchsen immer weiter. Ihr Arzt machte sich auf die Suche nach medizinischen Berichten über Raupenstiche und bekam heraus, dass möglicherweise eine Raupenart aus Brasilien die Ursache sein könnte. Er nahm Kontakt mit einem dortigen Krankenhaus auf und veranlasste, dass ein brasilianisches Gegengift nach Kanada geschickt wurde. Der Transport sollte zwei Tage dauern.

Doch am dritten Tag im Krankenhaus – zehn Tage nach den Raupenstichen und nur wenige Stunden vor der Ankunft des Gegengifts – versagten bei der jungen Frau Leber und Nieren, und ihre Blutgerinnung setzte aus. Als ihr das Gegengift ver-

abreicht wurde, litt sie bereits unter multiplem Organversagen. Wenig später starb sie.

Todesfälle aufgrund von Raupenstichen sind extrem selten, und sie werden nur durch wenige bekannte Arten ausgelöst, aber es gibt viele Raupen, die schmerzhafte Abwehrmechanismen einsetzen, um sich zu schützen.

Feuerraupe	*Lonomia obliqua* und *L. achelous*

Dies sind die beiden Arten, die am ehesten für den Tod der Kanadierin infrage kommen. *L. obliqua* findet man im Süden Brasiliens, *L. achelous* im Norden Brasiliens und in Venezuela. Die grün, braun und weiß gefärbten Raupen sind mit spitzen Haaren bedeckt, die wie winzige Kakteenstacheln aussehen. Oft halten sie sich in Gruppen am Boden oder an Baumstämmen auf, sodass man gleich von mehreren gestochen wird, wenn man barfuß geht oder sich an einen Baum lehnt. Die Raupen stoßen ein starkes Gift aus, das massive innere Blutungen und Organversagen auslöst. Das in Brasilien entwickelte Gegengift ist zwar wirksam, sollte aber möglichst innerhalb von vierundzwanzig Stunden nach dem Stich verabreicht werden, weshalb es wichtig ist, umgehend einen Arzt aufzusuchen.

Brasilianischen Wissenschaftlern zufolge kommen durch die Abholzung der Regenwälder immer mehr Menschen in Kontakt mit der Raupe. Da die Urwaldbäume, die die Raupe bevorzugt, zusehends verschwinden, wandert sie in bewohnte Gebiete ab, wo sie sich auf den Obstbäumen niederlässt. Während der letzten zehn Jahre haben die Gesundheitsbehörden 444 Fälle von *Lonomia*-Stichen registriert, sieben davon verliefen tödlich.

Schwammspinnerraupe   *Lymantria dispar*

Ein eingewanderter europäischer Nachtfalter war schuld
an einem merkwürdigen Ausschlag, der Schulkinder in
Pennsylvania befiel. Im Frühjahr 1981 traten an zwei
Schulen in Luzerne County bei ungefähr einem Drittel der
Kinder Ausschläge an Hals, Armen und Beinen auf. Die
Ärzte machten Abstriche, um festzustellen, ob es sich um
eine Infektion handelte, wurden jedoch nicht fündig.
Schließlich nahmen sie die Kinder beiseite, die keinen
Ausschlag hatten, und fragten sie, wie oft sie draußen im
Wald spielten. Dann stellten sie den befallenen Kindern
dieselbe Frage, und dabei zeigte sich ein direkter Zusam-
menhang zwischen dem Spielen im Wald und dem ge-
heimnisvollen Ausschlag. Sie kamen zu dem Schluss, dass
die Raupe des Schwammspinners die Ursache war, die im
Waldgebiet in der Nähe der beiden Schulen in großer Zahl
vorkam.

Der Ausschlag, der von den langen, seidigen Härchen
der Raupe hervorgerufen wird, kann schmerzhaft sein,
hinterlässt beim Menschen aber keine bleibenden Schäden.
Der Wald hingegen wird durch die Raupen stark in Mit-
leidenschaft gezogen. In den letzten dreißig Jahren wurden jedes Jahr über 4000 Quadratkilometer Wald entlaubt.
Die Raupen töten die Bäume zwar nicht, schwächen sie
aber so stark, dass sie anfällig für Krankheiten werden. Die
Raupe wie auch der erwachsene Schwammspinner kommen in Kanada vor, außerdem entlang der Ostküste der
Vereinigten Staaten, aber auch in Michigan, Ohio, Minnesota, Illinois, Washington und Oregon.

Erzherzog-Raupe — *Lexias spp.*

Diese prachtvollen Schmetterlinge aus Südostasien findet man oft in Schmetterlingsausstellungen und -sammlungen. Die Flügel des Männchens sind überwiegend schwarz mit blauen, gelben oder weißen Färbungen. Die blassgrünen Raupen, die man außer in ihrer natürlichen Umgebung oder in Schmetterlingsfarmen kaum zu Gesicht bekommt, sind mit außerordentlich spitzen Stacheln bedeckt, die nach allen Seiten abstehen wie Fichtennadeln. Dieser Stachelpanzer schreckt Feinde ab und schützt die jungen Raupen davor, von ihren Geschwistern bei der Futtersuche aufgefressen zu werden.

Flanellmottenraupe — *Megalopyge opercularis*

Lassen Sie sich nicht davon in die Irre führen, dass diese Raupe aussieht wie eine winzige Perserkatze. Die Flanellmottenraupe ist eine der giftigsten Raupen in Nordamerika. Jeder, der ihr langes, seidiges goldbraunes »Fell« berührt, hat die Haare umgehend in der Haut, wo sie stark brennende Schmerzen, Ausschlag und Blasen hervorrufen. Der Schmerz kann in den ganzen Arm ausstrahlen, und im schlimmsten Fall kommen noch Übelkeit, Schwellungen der Lymphknoten und Atemnot dazu. Die meisten Menschen erholen sich innerhalb eines Tages wieder, aber bei starken Reaktionen kann es auch mehrere Tage dauern, bis die Symptome abklingen. Personen, die gestochen wurden, sagen, es fühle sich an, als habe man sich den Arm gebrochen oder als würde jemand mit dem Hammer darauf schlagen. Der Schmerz ist so stark und so unerwartet, dass manche mit Panikattacken reagieren.

Es gibt keine spezifischen Behandlungsmethoden, abgesehen von Kühlmanschetten, Antihistaminika und Cremes oder Salben zur Linderung des Schmerzes. Manchmal gelingt es, die Haare mittels Klebeband zu entfernen, doch selbst das bringt nur wenig Linderung. Die Raupen kommen im späten Frühjahr und im Frühsommer überall im Süden der Vereinigten Staaten vor. Auch die Falter, die später schlüpfen, sind stark behaart und ähneln einer großen Hummel.

Io-Falter-Raupe	*Automeris io*

Der Io-Falter kommt in seiner Heimat, die vom südlichen Ontario, Quebec und New Brunswick über North und South Dakota bis nach Arizona, New Mexico, Texas und Florida reicht, recht häufig vor. Die ausgewachsenen Falter haben auf ihren Flügelspitzen große augenförmige Flecken, was sie zu einem beliebten Motiv für Naturfotografen macht. Aber auch die Raupen sind faszinierend – und furchteinflößend. Die hellgrünen Tiere sind mit fleischigen Knötchen bedeckt, und aus jedem dieser Knötchen sprießt ein Bündel scharfer Stacheln mit schwarzer Spitze. Der Stich ist schmerzhaft, aber harmlos; allerdings kann er heftige allergische Reaktionen hervorrufen, die gegebenenfalls ärztlich behandelt werden müssen.

	Acharia stimulea

Diese kurze, dicke braune Raupe hat einen auffälligen grünen »Sattel« auf dem Rücken, mit einem kreisrunden, purpurroten Fleck in der Mitte. Sie ist ebenfalls mit Stachelbündeln ausgestattet, allerdings nur am Kopf, am

Ende des Hinterleibs und an den Seiten, unterhalb des »Sattels«. Der Stich wird meist mit dem einer Biene verglichen. Im Frühjahr findet man diese Raupe überall in den südlichen Staaten der USA, und im Juli und August fliegt dann der dunkelbraune ausgewachsene Falter umher.

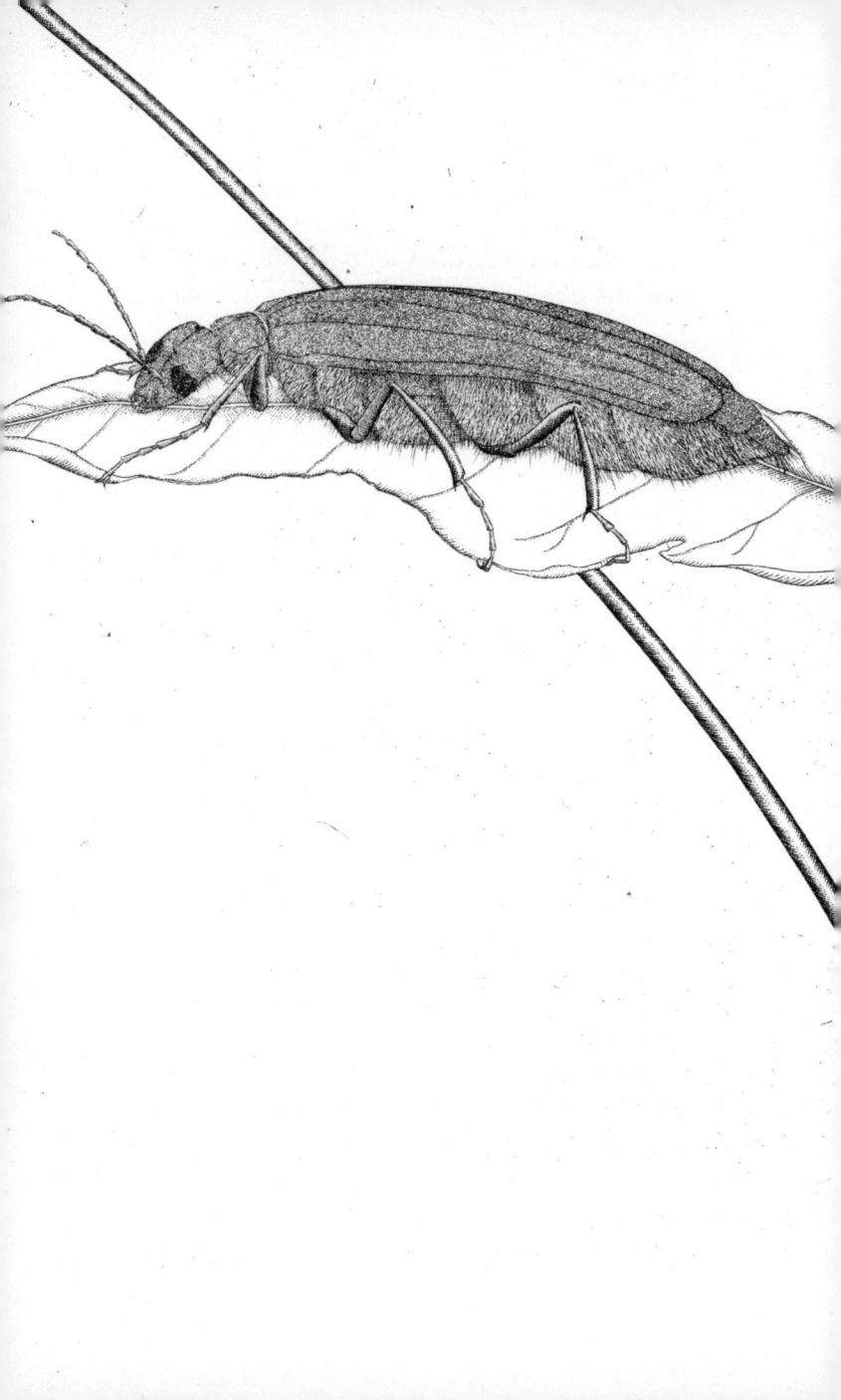

SPANISCHE FLIEGE

LYTTA VESICATORIA

Größe:	25 mm
Familie:	Meloidae (Ölkäfer)
Habitat:	Wiesen, Felder, offene Waldgebiete, Bauern- höfe
Verbreitung:	Nord- und Südamerika, Europa, Vorderer Orient, Asien

Man nannte es den »Skandal der vergifteten Nasche-reien«. Im Juni 1772 kam der Marquis de Sade in Marseille an und schickte seinen Diener auf die Suche nach Prostituierten. Der Diener wurde fündig und brachte mehrere Frauen dazu, seinen Herrn im Verlauf eines Tages zu besuchen; für de Sade kein ungewöhnliches Arrange-ment. Als die Damen eintrafen, bot er jeder von ihnen Anisbonbons an. Einige nahmen davon, andere weigerten sich. (Im Übrigen weigerten sich auch einige der Damen, diverse andere Dinge zu tun, um die de Sade sie bat, unter anderem, ihn mit einem Reisigbesen zu schlagen.)

Im Verlauf der folgenden Tage wurden die Frauen, die von den Bonbons gegessen hatten, schwer krank; sie übergaben sich, wobei die ausgespuckte Masse eine üble schwarze Farbe gehabt haben soll, und klagten über un-erträgliche Schmerzen. Die Polizei bekam Wind von der Sache und legte de Sade Sodomie und Vergiftung zur Last. Er floh nach Italien, um nicht eingekerkert zu werden, wurde jedoch im Dezember verhaftet. Im Frühjahr gelang ihm die Flucht, und er schaffte es, sich dem langen Arm des Gesetzes zu entziehen, bis er 1778 schließlich erneut verhaftet wurde. Danach verbrachte er über zehn Jahre im Gefängnis.

Die Bonbons, die den Marquis de Sade in solche Schwierigkeiten gebracht hatten, enthielten die pulverisierten Überreste eines hübschen, grünlich irisierenden Käfers, der unter dem Namen Spanische Fliege bekannt ist und als Aphrodisiakum gilt. Ein Zeitgenosse von de Sade beschrieb die angebliche Wirkung des Insekts folgendermaßen: »Alle, die davon gegessen hatten, wurden von schamloser Leidenschaft und Lust gepackt ... Selbst die züchtigsten Frauen wussten sich nicht mehr zu beherrschen.«

Die vermeintlich aphrodisierende Kraft der Spanischen Fliege kommt von dem Verteidigungssekret, das der Käfer ausstößt, dem Cantharidin. Wenn man diesen Stoff zu sich nimmt, reizt er den Harntrakt so stark, dass es zu einer schmerzhaften Dauererektion kommen kann, auch Priapismus genannt. In entsprechender Menge kann er zu einer Entzündung des Verdauungstrakts, Nierenschäden und sogar zum Tod führen. Der Marquis de Sade hatte – wie zahllose andere – diese Reizung mit sexueller Erregung verwechselt und fälschlicherweise angenommen, das Mittel hätte bei Frauen eine ähnliche Wirkung.

Die Spanische Fliege setzt, wie alle Mitglieder der Familie der Ölkäfer, ihr Gift ein, um Fressfeinde abzuwehren. Aber auch bei der Fortpflanzung spielt es eine Rolle: Während der Paarung wird das Cantharidin vom Männchen an das Weibchen weitergegeben, und dieses nutzt das Gift nicht nur, um sich selbst zu schützen, sondern auch ihre Eier. Bizarrerweise hat das Gift für eine andere Insektenart tatsächlich eine aphrodisierende Wirkung, nämlich für einen Feuerkäfer namens *Neopyrochroa flabellata*, der selbst kein Cantharidin produziert, es aber von den Ölkäfern aufnimmt, um damit eine Partnerin anzulocken. Die Weibchen dieser Art akzeptieren keinen Verehrer, der ihnen nicht eine Portion von diesem Gift mitbringt, damit sie ihren Nachwuchs schützen können.

Einige Ölkäfer werden jedoch trotz ihres chemischen Abwehrmechanismus gefressen. In medizinischen Berichten aus den Jahren 1861 und 1893 werden französische Soldaten erwähnt, die in Nordafrika stationiert waren und nach dem Genuss von Froschschenkeln unter Priapismus litten. Schon seit Langem fragen sich Wissenschaftler, ob die Spanische Fliege irgendetwas damit zu tun gehabt haben könnte. Thomas Eisner, ein Entomologe der Cornell University, löste dieses medizinische Rätsel, indem er Laborfröschen diese Käfer zu fressen gab und dann nachwies, dass sich tatsächlich Cantharidin im Gewebe der Frösche befand, und zwar in ausreichender Menge, um diese schmerzhaften und beunruhigenden Symptome hervorzurufen. Allerdings müssten die Frösche dazu recht bald nach ihrer Käfermahlzeit verspeist werden; der Genuss von fachgerecht zubereiteten Froschschenkeln ist also nach wie vor ungefährlich.

Die Käfer können auch für Pferde zum Risiko werden, denn einige Arten ernähren sich von Luzerne, und so werden sie bisweilen unbemerkt mit dem Heu an Pferde verfüttert. Da die Larven die Eier von Grashüpfern fressen, wissen Bauern und Viehzüchter, dass ein Anstieg in der Grashüpferpopulation oft auch eine Zunahme an Ölkäfern bedeutet. Hundert Ölkäfer reichen aus, um ein ausge-

wachsenes Pferd zu töten, und auch kleinere Mengen können schwere Koliken auslösen. Da es nahezu unmöglich
ist, den Käfer auszurotten, müssen Felder mit Luzerne
überwacht und nach einem bestimmten Zeitplan gemäht
werden, damit möglichst wenig Käfer im Heu landen.

Familienbande: Weltweit gibt es 3000 verschiedene Arten von Ölkäfern.

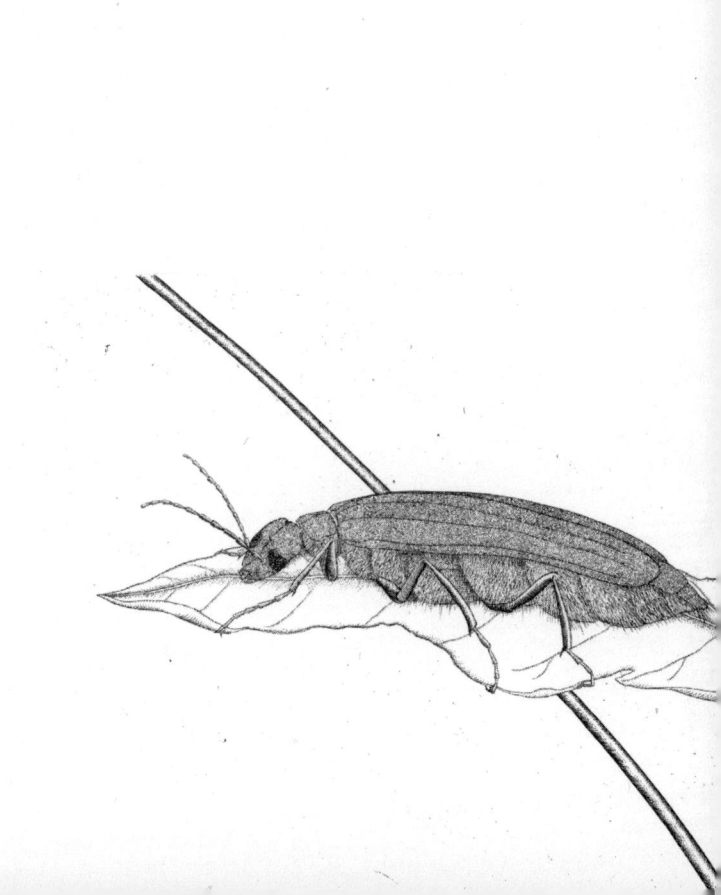

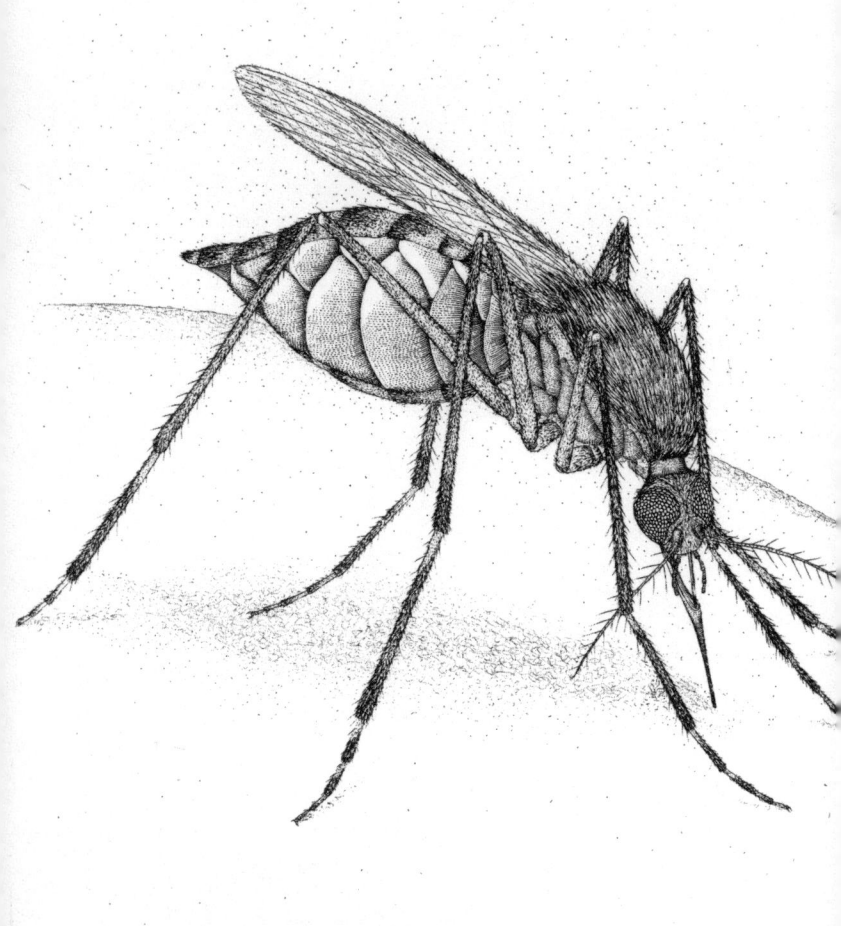

STECHMÜCKE

ANOPHELES SP.

Größe:	Flügellänge 3 mm
Familie:	Culicidae (Stechmücken)
Habitat:	sehr unterschiedlich, aber meist in der Nähe von stehenden Gewässern (Seen, Marschen, Teiche)
Verbreitung:	weltweit, vor allem in tropischen und subtropischen Gebieten, gelegentlich auch in gemäßigten Klimazonen

Am 10. Juli 1783, als der Amerikanische Unabhängigkeitskrieg fast vorüber war, schrieb George Washington an seinen Neffen: »Mrs. Washington hat nun schon dreimal mit Wechselfieber darniedergelegen, und obgleich es ihr gestern gelungen ist, einen weiteren Anfall mit einer kräftigen Dosis Rindenpulver zu verhindern, ist sie zu geschwächt, um Dir zu schreiben.«

Bei dem Wechselfieber, das der künftige erste Präsident der Vereinigten Staaten hier erwähnt, handelt es sich um Malaria, eine Krankheit, die ihn seit seiner Jugendzeit plagte und auch seine Frau ereilte. Im Lauf der Jahre erlitt er immer wieder Anfälle, und dazu kamen noch Pocken, Fleckfieber, Lungenentzündung und Influenza. Und während das Heilmittel für Malaria – Chinin, das aus der Rinde des Chinarindenbaums gewonnen wurde – in Europa bereits verwendet wurde, hatten die Washingtons erst spät in ihrem Leben Zugang dazu. Unglücklicherweise nahm der Präsident so viel davon, dass er in seinem zweiten Amtsjahr schwere Hörschäden davontrug – eine bekannte Nebenwirkung von Chinin.

Malaria wird auch als unser ewiger Feind bezeichnet, weil sie schon lange vor den Menschen existierte, wie sich anhand von Stechmücken nachweisen ließ, die in 30 Millionen Jahre altem Bernstein eingeschlossen waren. Schon die ersten medizinischen Texte erwähnen ein Wechselfieber, und einige stellen sogar bereits die Vermutung an, dass ein Insektenstich die Ursache dafür sein könnte. Doch der Name *Malaria*, vom lateinischen Wort für »schlechte Luft«, deutet auf die lange Zeit verbreitete Annahme hin, dass die Krankheit einfach in der Luft hinge und so übertragen würde.

Wie wir heute wissen, sind die Stechmücken schuld. Sie übertragen nicht nur Malaria, sondern auch Denguefieber, Gelbfieber, Rifttalfieber und rund hundert andere menschliche Krankheiten. Ungefähr 20 Prozent aller durch Insekten übertragenen Krankheiten stammen von Stechmücken, und damit sind sie das tödlichste Insekt der Welt. Man nimmt an, dass die Malaria mehr Menschen getötet hat als alle Kriege zusammengenommen.

Auslöser des Fiebers ist ein Parasit der Gattung *Plasmodium*. Nur weibliche Stechmücken ernähren sich von Blut. Bevor sie die Krankheit übertragen können, müssen sie sich zunächst selbst bei einem Wirt infizieren, und zwar mit männlichen und weiblichen Plasmodien. Diese pflanzen sich dann im Körper der Stechmücke fort und wandern in die Speicheldrüsen. Da Stechmücken nur wenige Wochen leben, kann es sein, dass es erst gar nicht so weit kommt, aber ist der Prozess einmal abgeschlossen und die

Stechmücke saugt an jemand anderem, setzt sich der Krankheitszyklus fort. Bei der Blutmahlzeit injizieren sie Speichel in die Haut, um die Gerinnung zu verhindern, und wenn genug Parasiten im Speichel sind, kann sich der Gestochene infizieren – aber es ist durchaus möglich, von einer infizierten Stechmücke gestochen zu werden und nicht an Malaria zu erkranken.

Stechmücken werden durch Kohlendioxid, Milchsäure und Octenol angelockt, Stoffe, die im menschlichen Schweiß und Atem enthalten sind. Außerdem nehmen sie die Wärme und Feuchtigkeit wahr, die der Körper ausstrahlt. Sie mögen dunkle Farben, und besonders anziehend finden sie offenbar Menschen, die sich gerade sportlich betätigt haben. Ein französisches Forscherteam hat vor Kurzem herausgefunden, dass sie Biertrinker bevorzugen. In Rangoon, Myanmar, riskieren die Einwohner bis zu 80 000 Stiche pro Jahr. Im Norden Kanadas, wo besonders viele Stechmücken vorkommen, kann man sich 280 bis 300 Stiche pro Minute zuziehen. Bei der Menge würde ein Mensch in nur 90 Minuten die Hälfte seines Blutes verlieren.

Heutzutage leben 41 Prozent der Weltbevölkerung in malariaverseuchten Gebieten. Weltweit gibt es fast 500 Millionen Krankheitsfälle, und jedes Jahr sterben über eine Million Menschen, die meisten davon sind Kinder in Zentralafrika. Fachleute schätzen, dass es über zwei Milliarden Euro kosten würde, die Malaria weltweit in Schach zu halten. Moskitonetze bieten einen wichtigen Schutz in der Nacht, wenn die Stechmücken aktiv sind, und auch prophylaktische Medikamente wie Chinin sind hilfreich, um die Krankheit einzudämmen. Einen Impfstoff gibt es bisher nicht.

Allerdings erlebte Malaria eine kurze Sternstunde als Hoffnungsträger zur Behandlung anderer Krankheiten. Im Jahr 1927 bekam Julius Wagner-Jauregg den Nobelpreis für seine Idee, die Malaria therapeutisch einzusetzen. Hierbei wurden Patienten gezielt mit Malaria infiziert, um ein hohes Fieber auszulösen, durch das diverse andere Infektionen ausgeschaltet wurden. Er verwendete diese Methode vor allem bei Syphilis-Patienten in fortgeschrittenem Stadium. Sobald die Syphilis abgeklungen war, verabreichte er ihnen Chinin, um die Malaria zu behandeln. Glücklicherweise wurde um 1940 das Penizillin entdeckt, sodass diese gewiss äußerst unangenehme Behandlungsmethode ein Ende fand.

Familienbande: Die Familie der Stechmücken umfasst ungefähr 3000 Arten.

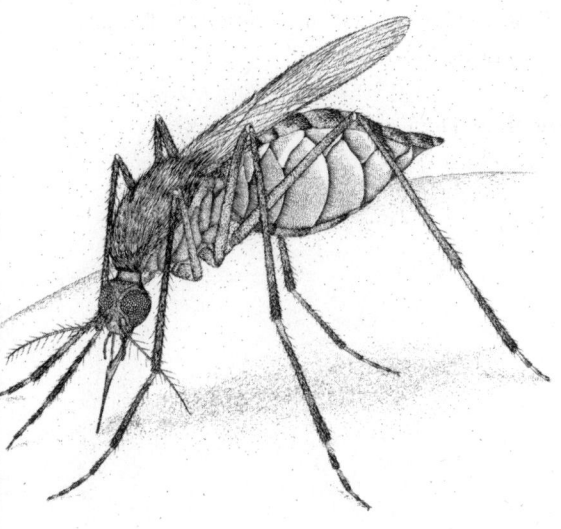

TAUSENDFÜSSER

TACHYPODOIULUS NIGER
UND ANDERE

Größe:	60 mm
Familie:	Julidae (Schnurfüßer)
Habitat:	Laubhaufen und Waldböden mit reichlich verrottender Vegetation
Verbreitung:	überall in Europa, insbesondere in England, Schottland, Irland und Deutschland

Im Allgemeinen ist ein Tausendfüßer kein besonders bedrohliches Insekt. Im Gegensatz zu Hundertfüßern, die aktiv auf Beutejagd gehen und ihre Opfer mit Gift außer Gefecht setzen, kriechen Tausendfüßer langsam über den Boden, auf der Suche nach abgestorbenen Blättern. Sie werden »Saprophagen« genannt, weil sie sich von abgestorbener pflanzlicher Substanz ernähren – und so den Zyklus natürlicher Kompostierung unterstützen. Wenn sie angegriffen werden, rollen Tausendfüßer sich lediglich zusammen und hoffen darauf, dass ihr fester Körperpanzer sie schützt. Warum also sollte man diese friedliebenden vegetarischen Recyclingwesen nicht gern haben?

Zum einen wegen ihrer schieren Menge. Tausendfüßerinvasionen sind nicht nur gruselig, sondern auch höchst destruktiv. Geschichten von Tausendfüßerschwärmen, die über Gleise kriechen, kursieren in den Nachrichten, seit es die Eisenbahn gibt, aber einige der neueren Berichte sind wirklich bemerkenswert. Im Jahr 2000 kamen Expresszüge in Tokio nicht weiter, weil Unmengen von den Tieren auf den Gleisen herumlagen. Ihre zerquetschten Körper bildeten eine glitschige Masse, auf denen die Räder keinen Halt mehr hatten. In Australien geschah dasselbe: Ein Schwarm »importierter« portugiesischer Tausendfüßer der Art *Ommatoiulus moreletii* sorgte durch seine schmierige Belagerung der Gleise für Verspätungen und Zugausfälle.

In Teilen von Schottland ist die Situation sogar noch schlimmer. Dort ist der Schwarze Schnurfüßer, *Tachypodoiulus niger*, eine solche Plage, dass die Einwohner dreier abgelegener Dörfer in den Highlands sich gezwungen sahen, die totale nächtliche Finsternis wieder einzuführen. Da die Tausendfüßer vom Licht angezogen werden, kann man sie nur auf diese Weise daran hindern, nachts in die Häuser zu kriechen und sich in der Küche und im Badezimmer auszubreiten. Eine Postbeamtin aus der Gegend erzählte den Reportern: »Sie sind furchtbar. Im April geht es los, und letztes Jahr waren sie bis Oktober unterwegs. Man kann sich kaum vorstellen, wie schlimm das ist, wenn man es nicht mit eigenen Augen gesehen hat.«

Obereichstätt, ein Ort in Bayern, versuchte es ebenfalls mit der Verdunklungsstrategie, gab jedoch schließlich auf und baute eine Mauer, um die Tausendfüßer fernzuhalten. Die Mauer, die die gesamte Stadt umgibt, besteht aus glattem Metall mit einer Kante, über die die Tiere nicht hinwegkommen. (Hausbesitzer in Australien setzen seit Jahren eine ähnliche Technik ein, um Ruhe vor den Eindringlingen zu haben.) Ein Einwohner von Obereichstätt sagte, vor dem Bau dieser Mauer habe er keinen Schritt über die Straße tun können, ohne Dutzende von ihnen zu zertreten. Allein der Geruch sei unerträglich gewesen.

In der Tat setzen Tausendfüßer – die man übrigens daran erkennen kann, dass sie zwei Beinpaare pro Segment haben – einige unangenehme Substanzen frei, um sich gegen Feinde zu wehren. Einige Arten stoßen Cyanwasserstoff (Blausäure) aus, ein giftiges Gas, das sie in einer speziellen Reaktionskammer bilden, wenn sie angegriffen werden. Das Gas ist so stark, dass andere Lebewesen, die zusammen mit dem Tausendfüßer in ein Glas gesperrt werden, daran sterben. Der Gerandete Saftkugler, *Glomeris marginata*, produziert eine chemische Mischung, die dem Barbiturat Methaqualon sehr ähnlich ist und ihn vor angreifenden Wolfspinnen schützt.

Diese Abwehrsubstanzen sind für den Menschen in der Regel ungefährlich; man müsste sich schon absichtlich damit einreiben, um einen Ausschlag oder eine Hautreizung zu bekommen. Aber genau das tun Affen in Venezuela: Sie suchen gezielt nach Tausendfüßern der Art *Orthoporus dorsovittatus*, zerquetschen sie und reiben sie in ihr Fell, um Stechmücken fernzuhalten.

> Familienbande: Es gibt ungefähr 10 000 bekannte Tausendfüßer-Arten, unter anderem den Afrikanischen Riesentausendfüßer *Archispirostreptus gigas*, der bis zu 28 Zentimeter lang und in Gefangenschaft bis zu zehn Jahre alt wird, und die winzigen Saftkugler (*Glomerida*), die den Landasseln sehr ähnlich sehen, obwohl sie nicht miteinander verwandt sind.

PFEILGIFTE

*Eine der traditionellen Jagd-
und Kriegstechniken be-
stand früher darin, das Gift
von Insekten und Spinnen
zu »ernten« und es auf Pfeilspitzen aufzutragen, um die Beute
oder den Gegner verlässlicher
ausschalten zu können. Die ge-*
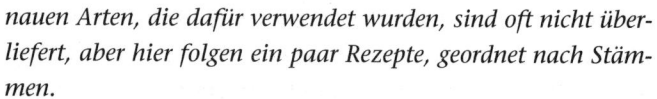
*nauen Arten, die dafür verwendet wurden, sind oft nicht über-
liefert, aber hier folgen ein paar Rezepte, geordnet nach Stäm-
men.*

San

Nach den Aufzeichnungen von Henrik Jacob Wikar,
einem schwedischen Soldaten, der Ende des 17. Jahrhunderts durch Südafrika reiste, gab es dort einen giftigen
Wurm, der zu einem Pulver zermahlen, mit Pflanzensäften
vermischt und auf Pfeilspitzen aufgetragen werden konnte.
Spätere Forscher kamen zu dem Schluss, dass er vermutlich
die Larven verschiedener afrikanischer Blattkäferarten der
Gattung *Diamphidia* gemeint hatte, deren Hämolymphe
(»Insektenblut«) ein Gift enthält, das Lähmungen verursacht. Die ausgewachsenen Käfer ähneln einem gelb-
schwarzen Marienkäfer, während die Larven dick, flach
und fleischfarben sind. Man findet sie vor allem an einem
kleinen Strauch der Gattung *Commiphora*, der dort heimisch ist und vom Volk der San häufig verwendet wird.

Auch ein Laufkäfer der Familie *Lebistina*, der mit dem

Bombardierkäfer verwandt ist, wird von den San zur Herstellung von Pfeilgiften genutzt. Da dieser ein Parasit der afrikanischen Blattkäfer ist, findet man sie oft zusammen. Das Gift der Larven wird bisweilen direkt auf die Pfeilspitze gepresst und dann über dem Feuer getrocknet; man kann es aber auch mit Pflanzensaft oder Baumharz vermischen, um es an der Spitze zu fixieren, oder man trocknet die Larven, zermahlt sie zu einem Pulver und vermischt sie dann mit Pflanzensaft.

Diese Gifte töten ein kleines Tier wie ein Kaninchen innerhalb weniger Minuten, aber bei einem großen Lebewesen wie einer Giraffe dauert es mehrere Tage, sodass die Jäger ihre Beute oft über weite Strecken verfolgen müssen, bis sie schließlich zusammenbricht. Irgendwann aber setzt die Wirkung garantiert ein. Thomas R. Fraser, ein Experte der Pharmakologie, schrieb Ende des 19. Jahrhunderts, diese Pfeilgifte seien stark genug, »um das unglückselige Opfer in den Wahnsinn zu treiben, bevor es qualvoll stirbt«.

Aleuten

Die Ureinwohner der gleichnamigen Inselgruppe vor der Küste Alaskas mischten giftige Pflanzen (vor allem Eisenhut) mit halb verwestem Tierhirn, Fett und nicht näher beschriebenen giftigen Würmern oder Raupen.

Havasupai

Dieser Indianerstamm, der früher im und um den Grand Canyon herum lebte, verwendete einen »kleinen schwarzen beißenden Käfer« sowie Skorpione, Hundertfüßer und Rote Feuerameisen, um Pfeilgift herzustellen.

Die Jova im Norden Mexikos brauten einen ähnlichen Cocktail aus halb verwester Rinderleber, Klapperschlangengift, Hundertfüßern, Skorpionen und giftigen Pflanzen.

Apachen

Ein Stammesmitglied beschrieb ein Rezept für Giftpfeile, bei dem Pansenteile aufgehängt wurden, bis sie anfingen zu verwesen; dann wurden Wespen so dagegen gehalten, dass sie gezwungen waren, in das tote Fleisch zu stechen. Das Ganze wurde mit Blut und Kaktusstacheln vermischt und auf die Pfeilspitzen aufgetragen.

Pomo

Von diesem kalifornischen Stamm wird berichtet, dass er eine Mischung aus Klapperschlangenblut und zerquetschten Spinnen, Bienen, Ameisen und Skorpionen verwendete, die auf Pfeilspitzen aufgetragen und über die Hütten von Feinden hinweggeschossen wurden, um das Unglück auf sie zu ziehen.

Yavapai

Dieser Stamm aus dem Südwesten der USA besaß vermutlich das komplizierteste Rezept für Giftpfeile: Zunächst wurde eine mit Spinnen, Taranteln und Klapperschlangen gefüllte Hirschleber vergraben und darüber ein Feuer angezündet. Danach grub man sie wieder aus und ließ sie eine Zeit lang verwesen, bis sie schließlich zerkleinert und zu einer Paste verrührt wurde. Ein Anthropologe berichtete von einem Soldaten, der einen der damit präparierten Pfeile abbekam; wenige Tage später war der Mann tot. (Dazu sollte man vielleicht anmerken, dass nicht nur das Gift seine Wirkung tat, sondern das verweste Fleisch auch tödliche Bakterien in den Blutkreislauf des Opfers brachte.)

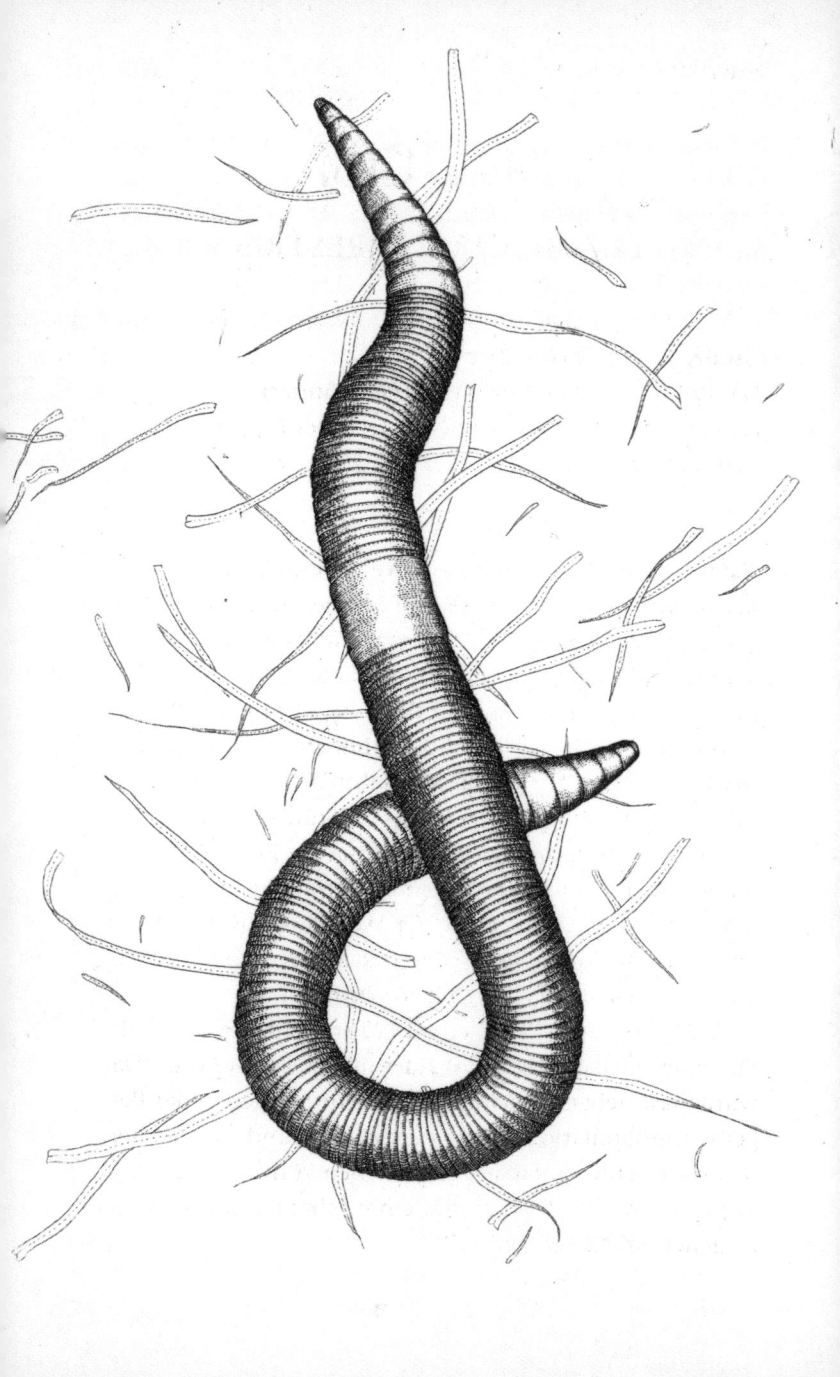

TAUWURM

LUMBRICUS TERRESTRIS

Größe: bis zu 25 cm
Familie: Lumbricidae (Regenwürmer)
Habitat: nährstoffreicher, feuchter Boden
Verbreitung: weltweit

Zu Beginn der neunziger Jahre bekamen die Wissenschaftler an der University of Minnesota immer häufiger Anfragen aus der Bevölkerung, was es mit den merkwürdigen Veränderungen in den Wäldern auf sich hätte. Irgendetwas sei da los, sagten die Leute. Die jungen Unterschichtpflanzen – Farne und Wildblumen – verschwanden zusehends. Die Zahl der Bäume nahm ab, und es gab fast keine jungen Bäume mehr. Wenn im Frühjahr der Schnee schmolz, kam darunter nur noch nackte Erde zum Vorschein, nicht der vertraute grüne Teppich früherer Zeiten. Es war fast so, als hätte der Wald aufgehört, sich zu erneuern. Die Menschen riefen in der Forstverwaltung an, doch dort wusste man auch keine Antwort.

Dann las Cindy Hale, eine Doktorandin der Universität, einen Artikel über die Wälder im Staat New York. »Da wurde fast nebenbei erwähnt, dass ein Anstieg in der Regenwurmpopulation möglicherweise Veränderungen bei den Unterschichtpflanzen verursachen könnte«, sagte sie. »Erst da kam uns die Idee, mit einer Schaufel in den Wald zu gehen und zu graben.«

Es dürfte kaum jemanden überraschen, dass sie dabei Regenwürmer fanden. Das sollte eigentlich kein Grund zur Sorge sein – schließlich sind Regenwürmer gut für den Boden. Sie verbessern die Durchlüftung, sie bewegen Nährstoffe, sie hinterlassen ihren mineralienreichen Kot zwischen den Pflanzenwurzeln, und sie helfen, organische Materialien zu zersetzen. Viele Bauern und Gärtner prahlen mit ihren Regenwurmpopulationen. Doch wie die Wissenschaftler aus Minnesota herausfinden sollten, sind Regenwürmer nicht immer so vorteilhaft, wie die Leute glauben. Es zeigte sich, dass die meisten der Würmer einer europäischen Art angehörten. *Lumbricus terrestris*, der Tauwurm, war der größte unter ihnen und am leichtesten zu identifizieren. Auch der kleinere *Lumbricus rubellus*, der Rote Waldregenwurm, war zahlreich vertreten. Insgesamt fanden sie 15 verschiedene Arten im Waldboden, und keine davon war dort heimisch.

Da Minnesota während der letzten Eiszeit von Gletschern bedeckt war, haben sich die Wälder völlig ohne Regenwürmer entwickelt. Fast überall in den Vereinigten Staaten gibt es heimische Regenwürmer, nur dieser nördliche Zipfel war vollkommen wurmlos – bis die europäischen Arten kamen.

Die europäischen Würmer kamen mit den Siedlern nach Amerika, in Topfpflanzen, in Erdsäcken, die als Schiffsballast dienten, und versteckt in Wagenrädern und Viehhufen. Sie bewegten sich ebenso schnell durch das Land wie die Siedler. Und so besteht heutzutage die Regenwurmpopulation in einem typischen amerikanischen Garten meist zu einem Großteil aus europäischen Würmern. Und die tun dort in aller Regel auch nur Gutes. Aber das galt nicht für Minnesota.

Durch die Beobachtung von Testbereichen wiesen Hale und ihr Team nach, dass die europäischen Würmer in der Lage waren, die gesamte Laubschicht zu verspeisen, die jeden Herbst auf den Boden fiel. Unter normalen Umständen bleibt ein Großteil der Blätter liegen und bildet so im Lauf der Jahre eine dicke, luftige Schicht, die die einheimischen Pflanzen brauchen, um zu keimen und zu wachsen. Doch verrottetes Laub ist für den Tauwurm die reinste Leckerei. An den Stellen, wo extrem viele Regenwürmer vorkamen, lag kein einziges Blatt mehr, nur noch eine dünne Schicht Wurmkot. Und darin konnten die jungen Bäume und die Wildpflanzen von Minnesota nicht überleben.

Salomonssiegel, Hänge-Goldglocke, Nacktstängelige Aralie und Wiesenraute sind nur ein paar der Pflanzen, die zusehends verschwinden. Auch Zuckerahorn, Roteiche und andere in besagter Gegend einheimische Bäume und Sträucher gedeihen in dem fremden Boden nicht. Und da die Menschen in den Wäldern rund um die Großen Seen lebende Würmer als Angelköder oder lose Erde für ihre Gärten mitbringen oder auch einfach nur ein wenig Lehm im Profil ihrer Autoreifen, verbreiten sich die Würmer immer weiter. Selbst die Anlage eines Golfplatzes in der Nähe eines Waldes kann ein Risiko bedeuten, da hektarweise Erde ausgebracht wird, und damit auch die Regenwürmer, die darin leben.

Was kann getan werden, um die Invasion europäischer Würmer in Wäldern, die ohne sie entstanden sind, aufzuhalten? Aussperren ist zwecklos; man kann ja schließlich keinen Zaun aufstellen. Hale und ihr Team stellten fest, dass es helfen kann, Hirsche aus den Wäldern fernzuhalten, denn diese fressen die wenigen Pflanzen, die trotzdem noch überleben. Die Wissenschaftler hoffen, die Ausbreitung eindämmen zu können, indem sie die Verwendung von Regenwürmern als Köder untersagen und die Menschen über das Gefahrenpotenzial vom besten Freund des Gärtners aufklären.

Familienbande: Wie der Name schon vermuten lässt, ist der Kompostwurm, *Eisenia fetida*, ein häufiger Gast in Komposthaufen; ebenso der Rote Waldregenwurm, *Lumbricus rubellus*.

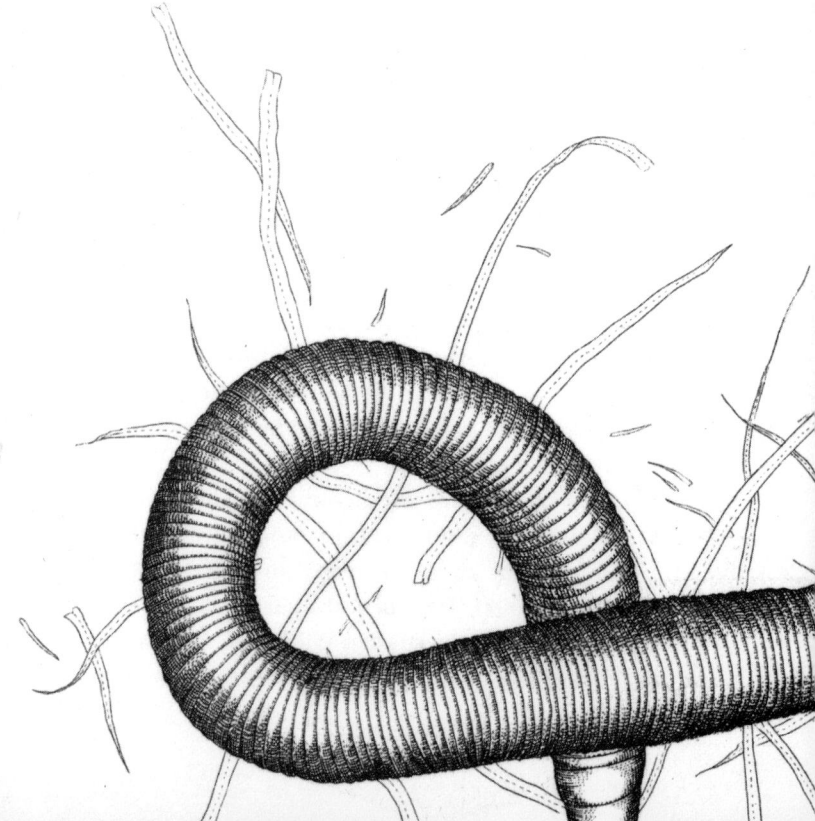

DER FEIND IN
DEINEM INNERN

*Der deutsche Arzt Friedrich Küchenmeister veröffent-
lichte 1857 ein Buch über menschliche Parasiten,
in dem er beschrieb, wie unangenehm es für
Betroffene ist, wenn sie bemerken, dass Bandwürmer ihren Körper zu verlassen versuchen.
»Der kotlose Austritt von Segmenten ist ein
ständiges Ärgernis für den Patienten«, schrieb er.
»Die Proglottiden (Bandwurmsegmente), die in
der Hose oder unter dem Reifrock feuchtkalt auf
der nackten Haut kleben, bereiten den Patienten
äußerstes Unbehagen, und vor allem Frauen leben in ständiger Sorge, dass diese beim Stehen
oder Gehen unbemerkt zu Boden fallen könnten.«
Doch Parasitenwürmer tun weitaus Schlimmeres, als Damen
mit Reifröcken in Verlegenheit zu bringen. Und oft genug werden sie dabei von anderen Lebewesen unterstützt, die überhaupt erst dafür sorgen, dass die Würmer in unseren Körper
gelangen.*

Schweinebandwurm   *Taenia solium*

Im Herbst 2008 erlebte eine 37-jährige Frau aus Arizona
den angsterfülltesten Tag ihres Lebens. Sie wurde in den
OP-Saal gerollt, um sich einen Hirntumor entfernen zu
lassen. Es war eine riskante Operation, aber ihr blieb kaum
etwas anderes übrig: Ihr linker Arm war taub, sie hatte

ihren Gleichgewichtssinn verloren, und das Schlucken fiel ihr zusehends schwerer. Der Tumor musste raus.

Es dürfte ein ziemlicher Schock für das OP-Team gewesen sein, als der Chirurg mitten in der Prozedur, bei geöffnetem Schädel und bloßliegendem Gehirn, anfing zu lachen. Und zwar vor Erleichterung, denn die Frau litt nicht an einem Tumor, sondern an einem Bandwurm. Es war nicht weiter schwierig, den Wurm zu entfernen, und als die Patientin aus der Narkose aufwachte, erfuhr sie zu ihrem Erstaunen, dass sie gar keinen Hirntumor hatte.

Eine Besiedlung mit Schweinebandwürmern kann dadurch passieren, dass jemand rohes oder nicht vollständig durchgegartes Schweinefleisch isst, das Bandwurmlarven enthält. Im Körper des Schweins bilden die Larven mit Flüssigkeit gefüllte Zysten, die sich erst weiterentwickeln, wenn sie ins menschliche Verdauungssystem gelangen. Sobald jemand dieses mit Zysten durchsetzte Schweinefleisch isst, setzen sich die Larven in den Darmwänden fest, wo sie heranreifen und eine Länge bis zu mehreren Metern erreichen. Ausgewachsene Bandwürmer können zwanzig Jahre im Verdauungstrakt bleiben und Tausende von Eiern legen, die dann mit dem Kot ausgeschieden werden. Der Bandwurm kann den Körper von selbst verlassen, oder man tötet ihn mit einem speziellen Medikament ab.

Die Frau aus Arizona wurde jedoch wahrscheinlich nicht durch mangelhaft gegartes Schweinefleisch infiziert, sondern durch Kontakt mit Ausscheidungen, in denen sich Bandwurmeier befanden. So etwas kann passieren, wenn Menschen, die mit Lebensmitteln hantieren und selbst mit einem Bandwurm infiziert sind, sich nach dem Toilettengang nicht die Hände waschen. Wenn jemand nicht die Larven, sondern die Eier schluckt, verläuft die Besiedlung anders. Nach dem Schlucken schlüpfen die Larven, die im Anfangsstadium sehr beweglich sind, und machen sich auf Erkundungstour im Körper, anstatt im Verdauungstrakt zu bleiben. So können sie in die Lunge, in die Leber oder auch ins Gehirn wandern.

Obwohl Bandwürmer Schweine als Wirt nutzen, um das Larvenstadium zu erreichen, ist der Mensch der einzige bekannte dauerhafte Wirt. Nur in einem Menschen also können Larven zu Bandwürmern heranwachsen.

Zum Erstaunen der Mediziner widmete Tyra Banks vor Kurzem eine Folge ihrer Talkshow der sogenannten Bandwurmdiät, bei der Menschen willentlich Bandwurmeier schlucken, um abzunehmen. Dabei können Bandwürmer schwere Verdauungsprobleme, Anämie und Organschäden verursachen und sogar dafür sorgen, dass man zunimmt – kurz gesagt: eine sehr gefährliche Diät.

Schätzungen zufolge sind zehn Prozent aller Menschen weltweit mit dem Schweinebandwurm infiziert, wobei der Anteil in armen Ländern sehr viel höher liegt. Bandwürmer im Gehirn sind mittlerweile die Hauptursache für Epilepsie – eine Tragödie, die sich durch bessere Hygiene leicht verhindern ließe.

Lymphatische Filariose	*Wuchereria bancrofti* und *Brugia malayi*

Diese auch als Elephantiasis bekannte Infektion durch Filarien (eine Familie der Fadenwürmer) verursacht dicke, faltige Haut und groteske Schwellungen an Armen, Beinen, Brüsten oder Genitalien. Weltweit tragen 120 Millionen Menschen den Parasiten in sich, und etwa ein Drittel davon leidet unter schwersten Symptomen. Die Parasiten brauchen sowohl Stechmücken als auch Menschen, um ihren Lebenszyklus zu vollenden: Für die Entwicklung vom ersten Larvenstadium (Mikrofilarien genannt) zur fertigen Larve dient die Stechmücke als Wirt, und für die Entwicklung zum ausgewachsenen Fadenwurm wird der Mensch benötigt. Der Nachwuchs der Würmer – die nächste Generation Mikrofilarien – muss wiederum in eine Stechmücke gelangen, um zu wachsen und einen neuen Zyklus zu durchlaufen.

Ein Stich einer infizierten Stechmücke reicht vermutlich nicht aus, um die Krankheit zu übertragen. Bisweilen sind Hunderte von Stichen nötig, damit genug männliche und weibliche Larven im Körper vorhanden sind, um einander zu finden und sich befruchten zu können. Sobald sie sich aber einmal etabliert haben, setzen sich die ausgewachsenen Würmer im Lymphsystem fest und bauen nestartige Gebilde, die den Lymphfluss blockieren und so die typischen Schwellungen verursachen. Die Würmer leben fünf bis sieben Jahre und produzieren in der Zeit Millionen von Mikrofilarien, die im Blut zirkulieren und darauf warten, dass sie von einer Stechmücke herausgesaugt werden, um ihr nächstes Lebensstadium zu erreichen.

Diese Krankheit kommt vor allem in den ärmsten Teilen der Welt vor, in Afrika und Südamerika, in Teilen von Südostasien und auf den pazifischen und karibischen Inseln. Obwohl man mittels eines Bluttests den Befall mit Mikrofilarien nachweisen kann, ist die Methode aufgrund des kuriosen Verhaltens der Parasiten nicht sehr zuverlässig, denn diese wandern nur nachts durch den Blutkreislauf, wenn auch die Stechmücken unterwegs sind. Tagsüber tauchen sie im Bluttest womöglich gar nicht auf.

Und die Behandlung ist noch schwieriger: Es gibt keine Möglichkeit, den ausgewachsenen Wurm loszuwerden, aber eine jährlich verabreichte Entwurmungspille namens Mectizan tötet den Nachwuchs und verhindert so eine weitere Ausbreitung.

Doch diese jährliche Entwurmung ist in abgelegenen oder von Gewalttätigkeiten gebeutelten Gebieten nicht einfach. Deshalb testen die Gesundheitsbehörden jetzt eine neue Methode: Sie mischen das Entwurmungsmittel unter das Salz, was nur 26 US-Cent pro Beutel kostet. In China ließ sich die Krankheit so ausrotten.

Die Vorstellung, den Ärmsten der Welt mit Medikamenten versetztes Salz zu geben, mag einem vielleicht befremdlich vorkommen, aber die Methode hat viele Vorzüge. Zum Beispiel tötet das Entwurmungsmittel noch diverse andere lästige Parasiten wie Nematoden, Läuse und Krätzmilben. Ein Mitarbeiter der Centers for Disease Control nannte das Medikament »das Viagra der Armen«, weil die Menschen sich ohne die ständige Belästigung durch Parasiten so viel wohler fühlen und auch besser aussehen, dass sie plötzlich wieder Lust auf die Liebe haben, was in den Gemeinden, in denen das Medikament verabreicht wird, zu einem regelrechten Babyboom geführt hat. »Angeblich haben einige der Babys sogar den Namen Mectizan bekommen«, erklärte er einem Reporter.

Schistosomiasis   *Schistosoma sp.*

Eine Süßwasserschnecke ist verantwortlich für die Übertragung dieses Wurmparasiten. Die Eier der Pärchenegel (*Schistosoma*) werden von infizierten Menschen mit dem Kot oder dem Urin ausgeschieden. Wenn diese Ausscheidungen in einen Fluss oder See gelangen, schlüpfen die Larven und müssen dann in den Körper einer Süßwasserschnecke eindringen, um das nächste Wachstumsstadium zu erreichen. Danach treten sie wieder aus und warten auf einen Menschen, der durch das Wasser watet oder darin schwimmt, um sich in seine Haut zu graben und ihren Lebenszyklus fortzusetzen.

Mit der Krankheit, die daraus entsteht, der sogenannten Schistosomiasis oder Bilharziose, sind weltweit 200 Millionen Menschen infiziert, hauptsächlich in Afrika, aber auch im Vorderen Orient, Ostasien, Südamerika und in der Karibik. Die Betroffenen bekommen Hautausschlag, grippeartige Symptome, blutigen Urin und tragen Schäden in Verdauungstrakt, Blase, Leber und Lunge davon. Eine einzige Tablette mit dem Wirkstoff Praziquantel, einmal pro Jahr verabreicht, tötet die Erreger und verhindert eine weitere Ausbreitung. Das Medikament kostet lediglich 18 US-Cent pro Tablette, sodass es – zusammen mit verbesserten Hygienebedingungen – vielleicht eines Tages die Krankheit ganz ausrotten kann.

Spulwurm   *Ascaris lumbricoides*

Ascaris lumbricoides braucht keine Stechmücke oder Schnecke, um sich in den menschlichen Verdauungstrakt zu schleichen. Mit einer Länge von bis zu 40 Zentimetern und dem Durchmesser eines Bleistifts ist er problemlos in der Lage, für sich selbst zu sorgen. Spulwürmer nisten sich im Dünndarm ein, wo sie bis zu zwei Jahre überleben. Die Weibchen legen bis zu 200 000 Eier pro Tag, die über den Kot ausgeschieden werden. Aus dem Körper gelangt, schlüpfen alsbald die winzigen Larven, die auf verschiedenen Wegen in den menschlichen Körper zurückkehren können. Das geschieht vorwiegend in Gebieten mit schlechter Hygiene, wo Kinder in der Nähe von Latrinen spielen oder wo ungenügend behandelte menschliche Ausscheidungen als Dünger verwendet und die geernteten Nahrungsmittel dann nicht gründlich gewaschen werden.

Wenn sie wieder in den menschlichen Körper gelangt sind, verweilen die Larven zwei Wochen in der Lunge und wandern dann in den Hals. Dort werden sie geschluckt und gelangen auf diesem Weg wieder in den Dünndarm, wo sie dann zum Wurm heranwachsen. In schlimmen Fällen kann ein einzelner Mensch von mehreren Hundert ausgewachsenen Spulwürmern besiedelt sein. Kurioserweise geraten die Würmer durch eine Narkose so in Stress, dass sie bisweilen während einer Operation aus Mund oder Nase des Patienten kriechen. In Gebieten, wo Spulwurminfektionen sehr verbreitet sind, verabreichen die Chirurgen vor der Operation ein Entwurmungsmittel, um zu verhindern, dass ein aufgescheuchter Spulwurm bei der Intubation den Schlauch blockiert.

Obwohl die meisten infizierten Menschen nur leichte Verdauungsprobleme haben, kann ein massiver Spulwurmbefall (Ascariasis genannt) zu Atembeschwerden, Nährstoffmangel, Organschäden und schweren allergischen Reaktionen führen. Schätzungen zufolge sind weltweit etwa 1,5 Milliarden Menschen – also ein Viertel der Weltbevölkerung – mit Spulwürmern infiziert; die meisten davon sind Kinder. Rund 60 000 Fälle pro Jahr verlaufen tödlich, meist aufgrund von Darmverschluss. Die Würmer kommen vor allem in tropischen und subtropischen Gebieten vor, bisweilen aber auch im Süden der USA. Es gibt verschiedene Medikamente, um die Würmer abzutöten, außerdem scheint ein Erdbakterium namens *Bacillus thuringiensis*, das zur Bekämpfung von Nematoden in der Erde eingesetzt wird, ebenfalls recht vielversprechend im Kampf gegen die Spulwürmer zu sein. Doch der sicherste Weg, um die Krankheit auszurotten, besteht in einer verbesserten Hygiene.

Medinawurm	*Dracunculus medinensis*

Präsident Jimmy Carter sah etliche Fälle von Medinawurmbefall (auch Dracontiasis genannt) mit eigenen Augen, als er 1988 im Rahmen der humanitären Arbeit des von ihm begründeten Carter Center ein Dorf in Ghana besuchte. Über die Hälfte der Dorfbewohner waren von den Würmern befallen. Reportern gegenüber sagte er: »Am stärksten ist mir eine schöne junge Frau von vielleicht 19 Jahren im Gedächtnis geblieben, aus deren Brust ein Wurm herauskroch. Später erfuhren wir, dass in dem Sommer noch elf weitere herauskamen.«

Dracontiasis ist eine sehr alte Krankheit, die bereits bei ägyptischen Mumien diagnostiziert wurde. Übertragen wird sie durch einen winzigen Ruderfußkrebs, den Leute verschlucken, wenn sie aus Teichen oder anderen verunreinigten Gewässern trinken. Sobald er hinuntergeschluckt wird, stirbt der Krebs, aber die Medinawürmer in seinem Innern wandern in den Dünndarm, um dort zu wachsen und sich fortzupflanzen. Das Männchen stirbt nach der Paarung, aber das Weibchen wird bis zu einen Meter lang und sieht aus wie ein XXL-Spaghetti. Es gräbt sich ins Bindegewebe, meist in der Nähe von Gelenken oder entlang der Arm- und Beinknochen.

Es kann durchaus ein Jahr vergehen, ohne dass der

Mensch etwas von der Infektion bemerkt. Dann jedoch entschließt sich das Weibchen, dass es Zeit für die nächste Generation ist. Sie wandert dicht unter die Haut, wo durch ihre Ausscheidungen Blasen entstehen, die nach ein paar Tagen aufplatzen. Die Wunde in kaltes Wasser zu halten, bringt ein wenig Linderung für die brennenden Schmerzen – und genau darauf zählt sie. Sobald ihr Opfer den Arm oder das Bein ins Wasser hält, schlüpft sie ein Stück aus der Haut und stößt Millionen von Larven aus, wodurch der Lebenszylus von Neuem beginnt. Bei diesem Ausflug lässt sie sich durchaus Zeit, aber jeder Versuch, sie herauszuziehen oder zu zerschneiden, führt nur dazu, dass sie sich wieder in ihr Loch verkriecht und später an einer anderen Stelle herauskommt.

Die Behandlung der Infektion ist nicht einfach, da es kein wirksames Medikament gegen den Medinawurm gibt. Stattdessen müssen die Betroffenen warten, bis der Parasit sich zeigt, und dann vorsichtig einen kleinen Stoffstreifen oder ein Stäbchen um das Ende wickeln, damit er sich nicht wieder zurückziehen kann. Tag für Tag, Zentimeter für Zentimeter wird der sichtbare Teil des Wurms dann aufgerollt, bis er nach etwa einem Monat vollständig den Körper verlassen hat.

Der Kampf gegen die Draconiasis ist bemerkenswert, da er äußerst effektiv gewesen ist. Noch vor zwanzig Jahren gab es etwa 3,5 Millionen Fälle in zahlreichen afrikanischen und asiatischen Ländern, jetzt sind es nur noch 1800, vorwiegend in Ghana, Äthiopien und im Sudan. Um eine Infektion zu vermeiden, wurden die Menschen dazu angehalten, ihr Trinkwasser zu filtern, entweder mit einem Stück Stoff oder mit speziellen Röhrchen, die man immer bei sich führen kann.

Wenn die derzeitigen Bemühungen erfolgreich fortgeführt werden, wird die Draconiasis die erste parasitäre
Krankheit sein, die vollständig ausgerottet wurde, und die
erste menschliche Krankheit überhaupt, bei der dies ohne
jeden Einsatz von Impfungen oder Medikamenten gelang.

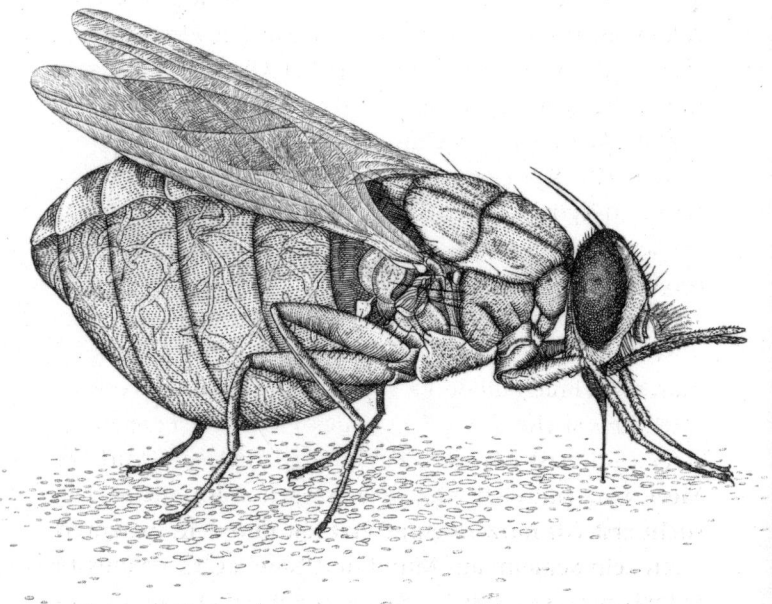

TSETSEFLIEGE

GLOSSINA SP.

Größe:	6–14 mm
Familie:	Glossinidae (Zungenfliegen)
Habitat:	Regenwälder, Buschsavannen
Verbreitung:	Afrika, vor allem im Süden

Im Jahr 1742 beschrieb ein Militärarzt namens John Atkins einen Zustand, den er als »Schlafsucht« bezeichnete und der Sklaven aus Westafrika befiel. Ohne jede Vorwarnung, abgesehen von Appetitverlust, fielen sie in so tiefen Schlaf, dass sie nicht einmal durch Schläge zu wecken waren. »Ihr Schlaf ist totengleich«, schrieb er, »und sie scheinen jegliches Gefühl zu verlieren, denn selbst Zerren, Schlagen oder Peitschen bringt sie kaum dazu, sich zu bewegen, und sobald man mit dem Prügeln aufhört, versinken sie erneut in tiefe Bewusstlosigkeit.«

Wenn Schläge nichts nützten, so riet der Arzt, solle man alles Erdenkliche versuchen, um sie aufzuwecken. »Heilsam ist alles, was die Geister wieder zum Leben erweckt: Aderlass am Hals, Einläufe … Auch ein Wurf ins Meer kann hilfreich sein, insbesondere wenn die Schlafsucht erst vor Kurzem eingesetzt hat und dem Patienten noch kein Schleim aus Mund und Nase läuft.« Er musste jedoch zugeben, dass keine dieser Foltermethoden wirklich half und die Krankheit meist tödlich endete.

Als Ursache für dieses seltsame Leiden kam laut Atkins

alles Mögliche infrage, von einem »Überschuss an Säften« über die allgemeine Faulheit und Trägheit der Sklaven bis hin zu ihrer »naturgegebenen Hirnschwäche«. Es kam ihm nicht in den Sinn, die Aktivitäten einer großen, lästigen Fliege zu untersuchen, die mit einem merkwürdigen Summen, das wie »tse-tse« klang, um sie herumschwirrte. Erst über hundert Jahre später erkannte man dann den wahren Auslöser der Schlafkrankheit.

Die Tsetsefliege kommt hauptsächlich in Afrika vor, und zwar südlich der Sahara. Sowohl die Männchen wie auch die Weibchen brauchen Blutmahlzeiten, um zu überleben. Insgesamt gibt es etwa 25 Arten, die den Menschen an unterschiedlichen Körperstellen angreifen. So beißt *Glossina morsitans* zum Beispiel überall, während *G. palpalis* den Bereich oberhalb der Taille bevorzugt, und *G. tachinoides* speist am liebsten unterhalb des Knies. Fast alle Arten fliegen buchstäblich auf bunte Kleidung, somit hilft bereits die Wahl zurückhaltender Farben, um sie sich vom Leib zu halten.

Tsetsefliegen trinken das Blut von Antilopen, Rindern und Menschen, wobei sie manchmal einen Einzeller der Gattung *Trypanosoma* von einem Wirt zum anderen übertragen. Die Erreger nisten sich im Lymphsystem ein und verursachen eine extreme Schwellung der Lymphknoten, bekannt als Winterbottom-Zeichen. Von dort breitet sich die Infektion im zentralen Nervensystem und im Gehirn aus, was zu Reizbarkeit, Müdigkeit, Schmerzen, Persönlichkeitsveränderungen, Verwirrung und Sprachstörungen führen kann. Ohne Behandlung stirbt der Mensch meist innerhalb von sechs Monaten, in der Regel an Herzversagen.

Obwohl es die Fliege bereits seit mindestens 34 Millionen Jahren gibt, wurde die Krankheit, die sie überträgt, in frühen medizinischen Werken nur selten erwähnt. Erst als europäische Forscher mit großen Expeditionen über den afrikanischen Kontinent zogen, verbreitete sich die Schlafkrankheit, die auch als Trypanosomiasis bezeichnet wird. Henry Morton Stanley, der nach Afrika entsandt wurde, um den als vermisst geltenden David Livingstone zu finden, reiste 1871 mit einem großen Gefolge von Männern und Vieh durch Uganda, immer begleitet von der Tsetsefliege, die sich diese hervorragende Nahrungsquelle nicht entgehen lassen wollte. Er verursachte dabei eine Epidemie der Schlafkrankheit, die zwei Drittel der dortigen Bevölkerung tötete.

Es gibt zwei Formen der Krankheit; die eine kommt in Ostafrika vor, die andere in Westafrika. Schätzungen zufolge sind heute etwa 50 000 bis 70 000 Menschen infiziert, aber noch vor zehn Jahren waren es zehnmal so viele.

Eine Methode, der Krankheit entgegenzuwirken, konzentriert sich auf die Tsetsefliege selbst. Wissenschaftler von der Internationalen Atomenergie-Organisation haben einigen Erfolg mit ihrer »Sterile Insect Technology«, bei der Männchen im Labor herangezogen und radioaktiver Strahlung ausgesetzt werden, um sie unfruchtbar zu machen. Dann werden sie freigelassen, um sich mit Weibchen zu paaren, die ihren Lebenszyklus vollenden, ohne Nachwuchs zu erzeugen.

Leider sind die Medikamente, die zur Behandlung infizierter Patienten bisher zur Verfügung stehen, fast genauso gefährlich wie die Schlafkrankheit selbst. Ein Mittel namens Eflornithin wurde ursprünglich als Krebsmedikament entwickelt, später dann stellte man fest, dass es auch gegen die westafrikanische Form der Schlafkrankheit half. Da es so teuer in der Herstellung war, nahm der Produzent es in den neunziger Jahren vom Markt, auf Druck der Weltgesundheitsorganisation wurde es aber einige Jahre später wieder eingeführt. Zwischenzeitlich hat sich ein neues, einträglicheres Anwendungsgebiet aufgetan, das die Produktion ankurbelt: In Cremeform wird es Frauen angeboten, um den ungeliebten Damenbart loszuwerden. Mit einer profitablen kosmetischen Verwendungsform im Hintergrund ist das Medikament nun auch wieder zur Behandlung der Schlafkrankheit verfügbar.

> Familienbande: Insgesamt gibt es etwa 25 Arten von Tsetsefliegen; diese bilden die gesamte Familie der *Glossinidae* (Zungenflügler).

ZOMBIES

Die Welt der Insekten hat ihre eigene Version der »Nacht der lebenden Toten«. Diese Arten fressen nicht nur andere Insekten, sie kriechen buchstäblich in sie hinein und zwingen ihnen ihren Willen auf. Manche Opfer werden dazu gebracht, in einen See zu springen, andere müssen ihren Belagerer gegen Feinde verteidigen. Die »Zombies« profitieren nur selten von dieser seltsamen Symbiose. Sobald sie im Lebenszyklus ihres Belagerers ausgedient haben, werden sie von »Untoten« zu »Toten«.

Juwelwespe   *Ampulex compressa*

Diese winzige, irisierend blaugrüne Wespe, die in Asien und Afrika heimisch ist, hat keine Hemmungen, eine wesentlich größere Küchenschabe anzugreifen und sie sich gefügig zu machen. Wenn das Weibchen schwanger ist, sucht sie sich ein Exemplar und macht sie mit einem Stich vorübergehend bewegungsunfähig. Dann bohrt sie ihren Stachel direkt ins Gehirn der Schabe und setzt deren Fluchtinstinkt außer Gefecht. Sobald sie sie auf diese Weise unter ihre Kontrolle gebracht hat, kann sie die Küchenschabe an ihren Fühlern nach Lust und Laune führen, wie einen Hund an der Leine.

So folgt die Schabe der Wespe in deren Nest und nimmt

gehorsam dort Platz. Die Wespe legt auf der Unterseite der Schabe ein Ei ab und verlässt daraufhin das Nest, während die Schabe geduldig wartet, bis die Larve aus dem Ei schlüpft. Die Larve frisst dann ein Loch in den Bauch der Schabe, kriecht hinein und verbringt die nächste Woche damit, deren innere Organe zu verspeisen und sich einen Kokon zu bauen. Dabei stirbt die Schabe irgendwann, doch die Larve bleibt etwa einen Monat in ihrem Körper, bis sie diesen als ausgewachsene Wespe verlässt. Zurück bleibt nur der leere Panzer der Schabe.

»Zungenfresserassel« *Cymothoa exigua*

Diese im Wasser lebende parasitische Assel kriecht durch die Kiemen in einen Fisch hinein und setzt sich an dessen Zunge fest, von der sie sich ernährt, bis von dieser nur noch ein Stummel übrig ist. Doch das stört die Assel nicht – sie bleibt, wo sie ist, saugt weiter Blut und übernimmt sogar die Funktion der Zunge, damit der Fisch weiter fressen kann. Manchmal findet man die Parasiten auf dem Markt im Maul von Schnappern, sehr zum Entsetzen der Kunden.

Brackwespen *Glyptapanteles sp.*

Diese Wespen suchen sich Exemplare einer bestimmten Raupenart und legen bis zu 80 Eier in einer Raupe ab. Daran ist zunächst nichts Ungewöhnliches, denn viele Wespenarten legen Eier auf oder in Raupen ab. Aber die Exemplare der Gattung *Glyptapanteles* machen etwas anders. Ihre Eier wachsen im Körper der Raupe heran, und sobald die Larven schlüpfen, verlassen sie ihren Wirt, klettern auf die nächste Pflanze und bilden dort einen Kokon. Die Raupe überlebt diesen äußerst invasiven Vorgang und bleibt in der Nähe, während die Larven sich verpuppen. Wenn sich ein Feind nähert, zum Beispiel ein Käfer oder eine Baumwanze, schleudert die Raupe ihren Hinterleib durch die Luft und schlägt damit den Angreifer in die Flucht. Sobald die erwachsenen Wespen geschlüpft sind, fliegen sie davon, und die Raupe stirbt, ohne von ihrem seltsamen Beschützerinstinkt zu profitieren.

Leucochloridium paradoxum

Der Lebenszyklus von *Leucochloridium paradoxum* gehört wohl zu den bizarrsten, die die Natur hervorgebracht hat. Die Eier dieses Saugwurms werden mit dem Kot von Vögeln ausgeschieden und müssen von Schnecken gefressen werden, damit der Nachwuchs heranwachsen kann. Sobald die Larven geschlüpft sind, bilden sie im Verdauungstrakt der Schnecke lange, schlauchartige Gänge, die schließlich bis in die Fühler hineinreichen. Von dem Moment an kann die Schnecke ihre Fühler nicht mehr sehen oder einziehen. Die Fühler nehmen leuchtende Farben an und bewegen sich, was Vögel anlockt. Sie kommen herbeigeflogen und picken nach den Fühlern, genau wie der Parasit es beabsichtigt hat. Denn nur im Körper eines Vogels kann der Wurm heranwachsen und seine Eier legen, die dann wiederum mit dem Kot ausgeschieden werden. Und so beginnt der Kreislauf von vorn.

Dieser Parasit aus dem Stamm der Saitenwürmer beginnt sein Leben als mikroskopisch kleine Larve, die im Wasser herumschwimmt und darauf hofft, von einem durstigen Grashüpfer geschluckt zu werden. Sobald sie in einem Grashüpfer landet, wächst sie in seinem Körper zum Wurm heran, aber dann gibt es ein Problem: Der Wurm muss zurück ins Wasser, um sich paaren zu können. Um das zu erreichen, übernimmt er die Kontrolle über das Gehirn des Grashüpfers – möglicherweise indem er ein Protein ausscheidet, das das zentrale Nervensystem beeinflusst –, und bringt ihn dazu, Selbstmord zu begehen, indem er in das nächste Gewässer springt. Sobald der Grashüpfer ertrunken ist, verlässt der Saitenwurm seinen Körper und schwimmt davon.

Buckelfliege   *Pseudacteon spp.*

Eine winzige südamerikanische Fliege könnte die Antwort auf das Problem der Feuerameisen im Süden Amerikas sein. Diese Fliege injiziert ihre Eier nämlich in den Kopf der Feuerameise. Die Larven fressen das Gehirn auf, sodass die Ameise ein bis zwei Wochen ziellos umherläuft. Irgendwann fällt der Kopf dann ab, und die ausgewachsenen Fliegen krabbeln heraus und machen sich auf die Suche nach weiteren Feuerameisen, um sie zu töten. Diese äußerst hinterhältige und gewalttätige Form der Insektenbekämpfung durch Insekten könnte sich bei Menschen, die von den Ameisen heimgesucht worden sind, großer Beliebtheit erfreuen. Zurzeit führen Wissenschaftler an der University of Texas Versuche durch, die Fliegen gezielt auf die Ameisen loszulassen, und erforschen die möglichen Folgen bei einem entsprechenden Einsatz in großem Maßstab.

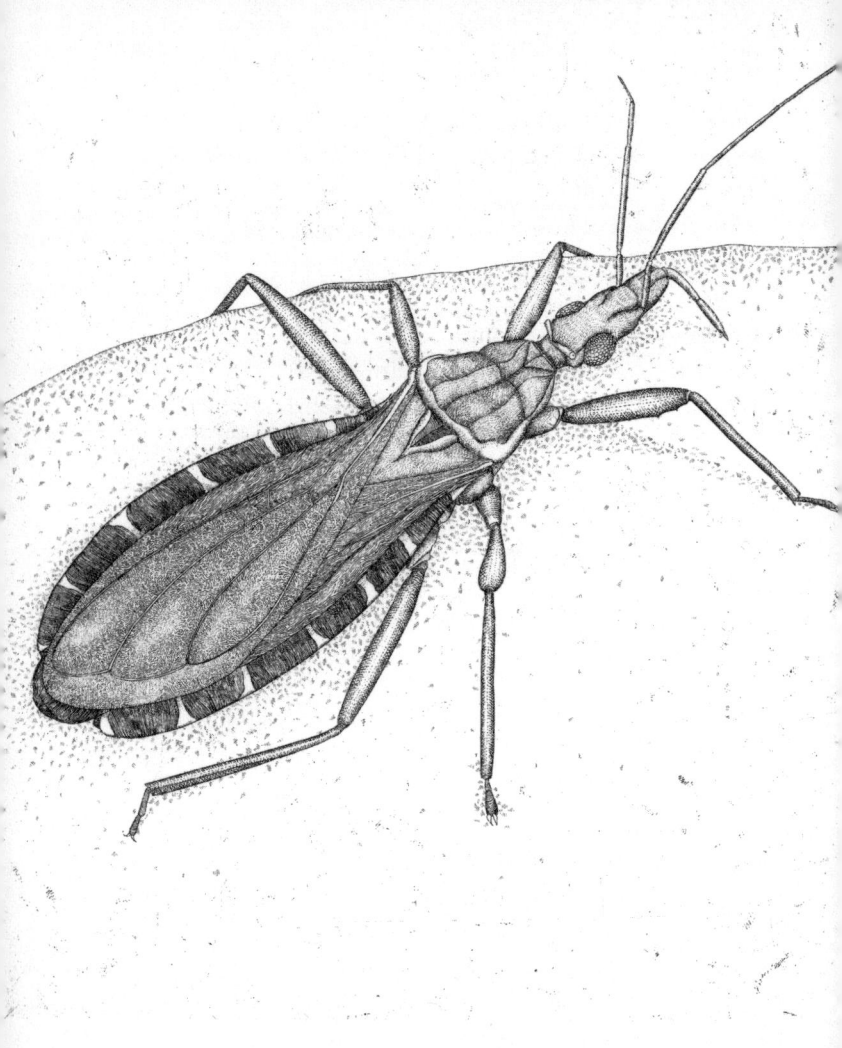

VINCHUCA-WANZE

TRIATOMA INFESTANS

Größe:	15–25 mm
Familie:	Reduviidae (Raubwanzen)
Habitat:	meistens in der Nähe ihrer Beute, also in Häusern, Scheunen, Nestern, Höhlen oder anderen Behausungen, in denen Vögel, Nagetiere oder andere Tiere leben
Verbreitung:	Nord- und Südamerika; einige Arten findet man auch in Indien und Südostasien

Im Jahr 1835 beschrieb der junge Charles Darwin eine seltsame Begegnung mit einer Wanze in Argentinien. Es war kurz vor dem Ende seiner Zeit an Bord der *HMS Beagle*, eines britischen Marineschiffs, das auf Forschungsreise in Südamerika unterwegs war. Darwin war angeheuert worden, um dem Kapitän und dem mitreisenden Naturwissenschaftler als Assistent zur Hand zu gehen. Die Reise hatte von Anfang an unter einem schlechten Stern gestanden: Der Kapitän war launisch und jährzornig, die Eingeborenen griffen die Mannschaft an und raubten sie aus, und fast alle litten irgendwann an Krankheiten oder Hunger. Am 25. März wurde Darwin dann von einem der ortsansässigen blutsaugenden Insekten zum Abendessen auserkoren. Er schrieb in sein Tagebuch: »In der Nacht erlebte ich einen Angriff (anders kann man es nicht nennen) der Benchuca, einer Reduvius-Art, einer großen, schwarzen

Wanze der Pampas. Es ist höchst widerwärtig zu spüren, wie lauter weiche, flügellose Insekten von etwa zweieinhalb Zentimetern Größe auf einem herumkrabbeln.«

Er beschrieb auch ein Experiment, bei dem sich einige seiner Mitreisenden freiwillig den blutrünstigen Viechern opferten: »Wenn man es auf einen Tisch setzte und ihm einen Finger hinhielt, reckte das kühne Insekt, obwohl von lauter Menschen umgeben, sofort seinen Saugrüssel, griff an und saugte Blut, sofern man es gewähren ließ … Dieses eine Festmahl, das die Benchuca einem der Offiziere verdankte, hielt es vier volle Monate rund und dick, aber nach den ersten zwei Wochen war sie durchaus bereit, ein weiteres Mal zu saugen.«

Was Darwin nicht wusste – und auch sonst niemand zu jener Zeit –, war, dass der Biss der Vinchuca-Wanze eine tödliche Krankheit übertragen kann, die sogenannte Chagas-Krankheit. Die großen, ovalen Insekten gehören zur Familie der Raubwanzen, innerhalb derer es weltweit rund 140 verschiedene Arten der blutsaugenden Gattung *Triatoma* gibt, und etwa die Hälfte von ihnen sind als Überträger dieser Krankheit bekannt. Meist findet man sie in Nord- und Südamerika, aber es gibt auch ein paar Arten in Indien und Südostasien. Sie leben recht bequem in der Nähe ihrer Wirte, verstecken sich in Höhlen und Nestern und ernähren sich von kleinen Nagetieren oder Fledermäusen. Gerade auch in Häusern oder Scheunen lassen sie sich gerne nieder. In einigen Teilen Südamerikas, wo die Dächer aus Palmwedeln hergestellt werden, landen sie unbemerkt über die darauf abgelegten Eier in den Häusern.

Vinchuca-Wanzen durchleben fünf Nymphen-Stadien, bis sie erwachsen sind, und bei einer einzigen Mahlzeit können sie bis zum Neunfachen ihres Körpergewichts an

Blut aufnehmen. Ein ausgewachsenes Weibchen lebt etwa sechs Monate, und in dieser Zeit legt sie zwischen 100 und 600 Eiern, abhängig von der Blutmenge, die sie zu sich nimmt.

In den meisten Fällen ist der Biss der Vinchuca-Wanze nicht schmerzhaft. Sie saugt bis zu einer halben Stunde, wobei ihr Körper immer weiter anschwillt. In einem Haus, das stark befallen ist, können mehrere Hundert Wanzen leben, und dann kommt es durchaus vor, dass zwanzig Wanzen gleichzeitig an einer Person saugen und das Opfer um ein bis drei Milliliter Blut pro Nacht erleichtern. Mitarbeiter der Gesundheitsfürsorge, die Patienten zu Hause besuchen, erkennen einen starken Wanzenbefall an den schwarz-weißen Kotstreifen, mit denen die Wände beschmiert sind.

Die Vorliebe der Vinchuca-Wanze für die Mundregion ihrer Opfer hat ihr den Spitznamen »Kusswanze« eingetragen; unglücklicherweise kann es ein Todeskuss sein. Im Jahr 1908 entdeckte ein brasilianischer Arzt namens Carlos Chagas bei seinen Forschungen zur Malaria dieses blutsaugende Insekt und beschloss herauszufinden, ob es Krankheitserreger in sich trug. Was er fand, war ein einzelliger Parasit namens *Trypanosoma cruzi*, den die Wanze über eine Blutmahlzeit in sich aufnimmt. Der Parasit wächst und vermehrt sich im Verdauungstrakt der Wanze und wird mit den Exkrementen wieder ausgeschieden. Der Mensch infiziert sich also nicht über den Biss selbst, sondern über den Kot, der auf seiner Haut abgesetzt wird, während die Wanze saugt. Kratzt man sich dann an der Bisswunde, werden die Erreger hineingerieben und gelangen so in den Blutkreislauf. Die nordamerikanischen Vinchuca-Wanzen erledigen ihr Geschäft erst eine halbe Stunde nachdem sie gegessen haben, und zu dem Zeitpunkt haben sie sich bereits von ihrem Opfer entfernt. Das erklärt, warum die Krankheit in den Vereinigten Staaten nicht so häufig vorkommt.

Das Bemerkenswerte an Chagas' Entdeckung ist, dass er die Krankheit im Überträgerinsekt fand und erst danach Menschen diagnostizierte, die sich infiziert hatten. So hatte er quasi durch Zufall eine tödliche Krankheit entdeckt, die mit der Besiedlung des Landes zusammenzuhängen schien, und obwohl die Menschen der Wanze bereits einen Namen gegeben hatten – einige nannten sie *vinchuca*, »das, was sich fallen lässt«, andere *chirimacha*, »das, was die Kälte fürchtet« –, breitete sich die Krankheit, die durch sie ausgelöst wurde, erst zu der Zeit in größerem Rahmen aus, als Chagas sie entdeckte.

Menschen, die um die Augen herum gebissen werden, bekommen starke Schwellungen. Bisse in anderen Körperbereichen führen zunächst zu kleinen, entzündeten Stellen, dann kommt es zu Fieber, und die Lymphknoten schwellen an. Die Krankheit kann bereits im Frühstadium tödlich sein, doch die meisten Infizierten erleben eine längere symptomfreie Phase, gefolgt von schweren Schäden an Herz, Verdauungstrakt und anderen Organen, die zum Tod führen können. In den Vereinigten Staaten leben etwa 300 000 Menschen mit der Chagas-Krankheit, und in Südamerika sind es 8 bis 10 Millionen. Eine frühzeitige Behandlung kann zwar die Parasiten töten, aber für die späteren Stadien der Krankheit gibt es keine Therapie.

Einige Historiker spekulieren, dass Charles Darwin sich mit der Chagas-Krankheit infiziert hatte und letzten Endes daran gestorben ist. Das würde einige der merkwürdigen und komplizierten Gesundheitsprobleme erklären, unter denen er sein Leben lang litt. Gegen diese Theorie spricht allerdings, dass er einige der Symptome offenbar bereits vor seiner Begegnung mit der Vinchuca-Wanze in Argentinien hatte. Die Bitte, seine Überreste aus der Westminster Abbey zu exhumieren und sie auf die Chagas-Krankheit hin zu untersuchen, wurde abgelehnt, und somit wird die genaue Ursache seiner gesundheitlichen Probleme wohl ein Geheimnis bleiben.

Familienbande: *Arilus cristatus*, die sich von Raupen und anderem Garten-Ungeziefer ernährt, gehört ebenfalls zu den Raubwanzen. Weitere Verwandte sind Wanzen der Unterfamilie *Emesinae*, eine Gruppe von langen, dünnen Insekten, zu deren Opfern Spinnen und andere Wanzen zählen.

VOGELSPINNE

THERAPHOSA BLONDI

Größe:	bis 30 cm (einschließlich der Beine)
Familie:	Theraphosidae (Vogelspinnen)
Habitat:	Wälder, Gebirgsausläufer und Wüsten, vor allem in warmen Klimazonen
Verbreitung:	Nord- und Südamerika, Afrika, Asien, Vorderer Orient, Australien, Neuseeland und Europa

Carole Hargis ist vermutlich die ungeschickteste Mörderin, die Kalifornien je gesehen hat. Im Frühjahr 1977 hatte sie genug von ihrer Ehe mit David Hargis, einem Ausbilder des Marine Corps, der in San Diego stationiert war. Er hatte eine Lebensversicherung abgeschlossen, da er meinte, als Angehöriger des Militärs könne er jederzeit in Gefahr geraten, und er sichergehen wollte, dass seine Frau und ihre Kinder aus einer früheren Ehe versorgt waren. Carole erzählte ihrer Nachbarin von der Versicherung, und bald darauf schmiedeten die beiden Frauen den Plan, David umzubringen und sich das Geld zu teilen.

Die Serie von Mordanschlägen, die sie ausbrüteten, wäre geradezu komisch, hätte sie nicht so tragisch geendet. Als Erstes ließ Carole sich von einer Folge der Reihe *Alfred Hitchcock Presents* inspirieren, in der jemand durch einen Föhn in der Badewanne getötet wurde. Sie versuchte es auf dieselbe Weise, nur dass David nicht in der Wanne, sondern in der Dusche war und das Wasser nicht ausreichte, um ihm einen tödlichen Schlag zu versetzen. Dann mischte sie ihm eine kräftige Dosis LSD in seinen French Toast, aber er bekam lediglich Bauchschmerzen davon. Weitere Pläne umfassten Gewehrkugeln im Vergaser, Seifenlauge in seinem Martini, Schlaftabletten in seinem Bier und einen Autounfall. Einmal versuchte sie auch, ihm im Schlaf eine Luftblase in die Vene zu spritzen, aber dabei brach die Spitze der Nadel ab, und er wachte morgens mit einer winzigen Wunde auf, die wie ein Insektenstich aussah.

Und dann war da noch der Vogelspinnenkuchen. Carole hielt sich eine Vogelspinne als Haustier, und zuerst erwog sie, die behaarte Spinne in sein Bett zu setzen, in der Hoffnung, dass er gebissen würde. Doch dann hatte sie eine bessere Idee: Sie entfernte den Giftsack der Spinne und versteckte ihn in einem Blaubeerkuchen. Mr. Hargis' Glückssträhne hielt noch eine Weile an; er aß mehrere Stücke von dem Kuchen, aber in keinem war das Gift. Allmählich schien es, als wäre er unbesiegbar.

Irgendwann verloren Carole und ihre Nachbarin die Geduld und verlegten sich auf eine altbewährte Methode: Sie erschlugen ihn in seinem Bett und brachten seine Leiche in die Wüste, in der Hoffnung, dass es wie ein Unfall aussehen würde. Doch das tat es nicht. Die Polizei kam ihnen schnell auf die Spur, und beide Frauen wurden für ihre Verbrechen angeklagt und verurteilt.

Einer der vielen Fehler, die Carole Hargis beging, bestand darin, dass sie die Wirkung des Vogelspinnengifts völlig überschätzte. Natürlich sind diese Tiere furchteinflößend; die größte von ihnen, die Riesenvogelspinne (*Theraphosa blondi*), misst mit ausgestreckten Beinen knapp 30 Zentimeter. Sie spinnt ein Netz und wartet darauf, dass ihre Beute vorbeikommt – zum Beispiel eine Maus –, dann springt sie sie an. Mit ihren zwei Zentimeter langen Beißklauen spritzt sie das Gift in ihr Opfer und tötet es. Und wie einige andere Vogelspinnen ist sie mit Brennhaaren bedeckt, die sie aufstellen und auf einen Feind schleudern kann, wenn sie bedroht wird.

Doch trotzdem ist der Biss einer Vogelspinne nicht viel schlimmer als der Stich einer Wespe oder Biene. Immerhin ist er schmerzhaft – tatsächlich haben Wissenschaftler vor Kurzem herausgefunden, dass der Biss der *Psalmopoeus cambridgei*, einer westindischen Vogelspinnenart, die Nervenzellen mit demselben Mechanismus angreift wie Chilipfeffer. Und so wie dieser scharfe, brennende Schmerz ist ein Biss der Spinne schwer zu ertragen, aber keinesfalls tödlich. Für Menschen mit einer ausgeprägten Allergie kann das Gift allerdings ziemlich gefährlich werden, aber sie werden es überleben.

Die Tarantel wird oft ebenfalls für eine Vogelspinne gehalten, doch trotz der Ähnlichkeit im Körperbau gehören die Spinnen, die umgangssprachlich als Taranteln bezeichnet werden, zur Familie der Wolfsspinnen und sind vollkommen ungefährlich. Dennoch hat sie der Tarantella, einem immer schneller werdenden Tanz aus Italien, und dem Tarantismus, einer krankhaften Tanzwut, die im 14. und 15. Jahrhundert in Europa wütete, den Namen gegeben. Bei Letzterer nahm man an, dass sie durch den Biss der Tarantel ausgelöst wurde; wahrscheinlicher ist jedoch, dass die Ursache eine Vergiftung mit Mutterkorn (ein Pilz, der Roggen befällt und eine Vorstufe von LSD bildet) oder

eine Massenhysterie war. In jedem Fall ist die Tarantel un-
schuldig.

> Familienbande: Weltweit gibt es über 800
> Vogelspinnenarten.

ÜBER DIE KÜNSTLERIN

Briony Morrow-Cribbs' Werk umfasst Kupferstiche, kunstvoll gestaltete Bücher und »Kuriositätenkabinette« in Form von Keramikskulpturen, in denen sie auf faszinierende Weise die rationale Sprache der Wissenschaft und die oft bizarre Welt der Natur gegenüberstellt.

Nach ihrem Abschluss am Emily Carr Institute of Art in Vancouver lebt sie nun in Madison, wo sie gerade den Master of Fine Arts der University of Winconsin abgeschlossen hat. Ihre Arbeiten sind nicht nur in den USA und in Kanada, sondern auch in Japan und mehreren europäischen Ländern ausgestellt worden.

Darüber hinaus ist Briony Morrow-Cribbs Mitbegründerin der Twin Vixen Press in Brattleboro, Vermont. Vertreten wird sie durch die Davidson Galleries in Seattle und die Brackenwood Gallery auf Whidbey Island (Washington).

Briony dankt Steven Krauth, dem akademischen Kurator der Insect Research Collection an der University of Winconsin in Madison, für seine Hilfe bei der aufwendigen Insekten-Recherche.

BIBLIOGRAPHIE

Insekten: Kompendien und Bestimmungsbücher

Capinera, John L.: Encyclopedia of Entomology. Dordrecht: Springer, 2008.

Eaton, Eric R. und Kenn Kaufman: Kaufman Field Guide to Insects of North America. New York: Houghton Mifflin, 2007.

Evans, Arthur V.: National Wildlife Federation Field Guide to Insects and Spiders and Related Species of North America. New York: Sterling, 2007.

Foster, Steven und Roger A. Caras: A Field Guide to Venomous Animals and Poisonous Plants, North America, North of Mexico. Peterson field guide series 46. Boston: Houghton Mifflin, 1994.

Haggard, Peter und Judy Haggard: Insects of the Pacific Northwest. Timber Press field guide. Portland, OR: Timber Press, 2006.

Levi, Herbert Walter, Lorna Rose Levi, Herbert S. Zim und Nicholas Strekalovsky: Spiders and Their Kin. New York: Golden Press, 1990.

O'Toole, Christopher: Firefly Encyclopedia of Insects and Spiders. Toronto: Firefly Books, 2002.

Resh, Vincent H. und Ring T. Cardé (Hgg.): Encyclopedia of Insects. San Diego, CA: Elsevier Academic Press, 2009.

Medizinische Nachschlagewerke

Goddard, Jerome: Physician's Guide to Arthropods of Medical Importance. Boca Raton, FL: CRC Press, 2007.

Lane, Richard P. und Roger Ward Crosskey: Medical Insects and Arachnids. London: Chapman & Hall, 1993.

Mullen, Gary R. und Lance A. Durden: Medical and Veterinary Entomology. Amsterdam: Academic Press, 2002.

Insektenbekämpfung

Ellis, Barbara W., Fern Marshall Bradley und Helen Atthowe: The Organic Gardener's Handbook of Natural Insect and Disease Control: A Complete Problem-Solving Guide to Keeping Your Garden and Yard Healthy without Chemicals. Emmaus, PA: Rodale Press, 1996.

Gillman, Jeff: The Truth About Garden Remedies: What Works, What Doesn't, and Why. Portland, OR: Timber Press, 2008.

Gillman, Jeff: The Truth About Organic Gardening: Benefits, Drawbacks, and the Bottom Line. Portland, OR: Timber Press, 2008.

Weiterführende Lektüre

Alexander, John O'Donel: Arthropods and Human Skin. Berlin: Springer-Verlag, 1984.

Berenbaum, May R.: Blutsauger, Staatsgründer, Seidenfabrikanten: Die zwiespältige Beziehung von Mensch und Insekt. Heidelberg; Berlin; Oxford: Spektrum Verlag, 1997.

Bondeson, Jan: A Cabinet of Medical Curiosities. Ithaca, NY: Cornell University Press, 1997.

Burgess, Jeremy, Michael Marten und Rosemary Taylor: Mikrokosmos: Faszination mikroskopischer Strukturen. Heidelberg: Spektrum der Wissenschaft, 1990.

Byrd, Jason H. und James L. Castner: Forensic Entomology: The Utility of Arthropods in Legal Investigations. Boca Raton, FL: CRC Press, 2001.

Campbell, Christopher: The Botanist and the Vintner: How Wine Was Saved for the World. Chapel Hill, NC: Algonquin Books of Chapel Hill, 2005.

Carwardine, Mark: Extreme der Natur. Hamburg: National Geographic, 2006.

Chase, Marilyn: The Barbary Plague: The Black Death in Victorian San Francisco. New York: Random House, 2003.

Chinery, Michael: Insekten: Eindrucksvolle Nahaufnahmen faszinierender Lebewesen. Hildesheim: Gerstenberg, 2008.

Cloudsley-Thompson, J. L.: Insects and History. New York: St. Martin's Press, 1976.

Collinge, Sharon K. und Chris Ray: Disease Ecology: Community Structure and Pathogen Dynamics. Oxford: Oxford University Press, 2006.

Cowan, Frank: Curious Facts in the History of Insects; Including Spiders and Scorpions: A Complete Collection of the Legends, Superstitions, Beliefs, and Ominous Signs Connected with Insects, Together with Their Uses in Medicine, Art, and as Food; and a Summary of Their Remarkable Injuries and Appearances. Philadelphia: J. B. Lippincott, 1865.

Crosby, Molly Caldwell: The American Plague: The Untold Story of Yellow Fever, the Epidemic That Shaped Our History. New York: Berkley Books, 2006.

Crosskey, Roger Ward: The Natural History of Blackflies. Chichester, England: Wiley, 1990.

Eisner, Thomas: For Love of Insects. Cambridge, MA: Belknap Press of Harvard University Press, 2003.

Eisner, Thomas, Maria Eisner und Melody Siegler: Secret Weapons: Defenses of Insects, Spiders, Scorpions, and Other Many-Legged Creatures. Cambridge, MA: Belknap Press of Harvard University Press, 2005.

Erzinclioglu, Zakaria: Maggots, Murder, and Men: Memories and Reflections of a Forensic Entomologist. New York: Thomas Dunne Books, 2000.

Evans, Arthur V.: What's Bugging You? A Fond Look at the Animals We Love to Hate. Charlottesville: University of Virginia Press, 2008.

Evans, Howard Ensign: Das Trillionen-Volk: Die unbekannte Welt der Insekten. Bergisch Gladbach: Lübbe, 1980.

Friedman, Reuben: The Emperor's Itch: The Legend Concerning Napoleon's Affliction with Scabies. New York: Froben Press, 1940.

Gennard, Dorothy E.: Forensic Entomology: An Introduction. Chichester, England: Wiley, 2007.

Glausiusz, Josie und Volker Steger: Buzz: The Intimate Bond between Humans and Insects. San Francisco: Chronicle Books, 2004.

Goff, M. Lee: A Fly for the Prosecution: How Insect Evidence Helps Solve Crimes. Cambridge, MA: Harvard University Press, 2000.

Gordon, Richard: An Alarming History of Famous and Difficult! Patients: Amusing Medical Anecdotes from Typhoid Mary to FDR. New York: St. Martin's Press, 1997.

Gratz, Norman: The Vector- and Rodent-Borne Diseases of Europe and North America: Their Distribution and Public Health Burden. Cambridge: Cambridge University Press, 2006.

Gullan, P. J. und P. S. Cranston: The Insects: An Outline of Entomology. Malden, MA: Blackwell, 2005.

Hickin, Norman E.: Bookworms: The Insect Pests of Books. London: Sheppard Press, 1985.

Höppli, Reinhard: Parasitic Diseases in Africa and the Western Hemisphere: Early Documentation and Transmission by the Slave Trade. Basel: Verlag für Recht und Gesellschaft, 1969. [scheint nur auf Engl. zu existieren]

Holldobler, Bert und Edward O. Wilson: The Ants. Cambridge, MA: Belknap Press of Harvard University Press, 1990.

Holldobler, Bert und Edward O. Wilson: The Superorganism: The Beauty, Elegance, and Strangeness of Insect Societies. New York: W.W. Norton, 2009.

Howell, Michael und Peter Ford: The Beetle of Aphrodite and Other Medical Mysteries. New York: Random House, 1985.

Hoyt, Erich und Ted Schultz: Insect Lives: Stories of Mystery and Romance from a Hidden World. Cambridge, MA: Harvard University Press, 2002.

Jones, David E.: Poison Arrows: North American Indian Hunting and Warfare. Austin: University of Texas Press, 2007.

Kelly, John: The Great Mortality: An Intimate History of the Black Death, the Most Devastating Plague of All Time. New York: HarperCollins, 2005.

Lockwood, Jeffrey Alan: Locust: The Devastating Rise and Mysterious Disappearance of the Insect That Shaped the American Frontier. New York: Basic Books, 2004.

Lockwood, Jeffrey Alan: Six-Legged Soldiers: Using Insects as Weapons of War. Oxford: Oxford University Press, 2009.

Marks, Isaac Meyer: Fears and Phobias. Personality and psychopathology 5. New York: Academic Press, 1969.

Marley, Christopher: Pheromone: The Insect Artwork of Christopher Marley. San Francisco: Pomegranate, 2008.

Mayor, Adrienne: Greek Fire, Poison Arrows, and Scorpion Bombs: Biological and Chemical Warfare in the Ancient World. Woodstock, NY: Overlook Duckworth, 2003.

Mertz, Leslie A.: Extreme Bugs. New York: Collins, 2007.

Mingo, Jack, Erin Barrett und Lucy Autrey Wilson: Cause of Death: A Perfect Little Guide to What Kills Us. New York: Pocket Books, 2008.

Murray, Polly: The Widening Circle: A Lyme Disease Pioneer Tells Her Story. New York: St. Martin's Press, 1996.

Myers, Kathleen Ann und Nina M. Scott: Fernandez de Oviedo's Chronicle of America: A New History for a New World. Austin: University of Texas Press, 2008.

Nagami, Pamela: Bitten: True Medical Stories of Bites and Stings. New York: St. Martin's Press, 2004.

Naskrecki, Piotr: The Smaller Majority: The Hidden World of the Animals That Dominate the Tropics. Cambridge, MA: Belknap Press of Harvard University Press, 2005.

Neuwinger, Hans Dieter: Afrikanische Arzneipflanzen und Jagdgifte: Chemie, Pharmakologie, Toxikologie; eine afrikanische Ethnopharmakologieund Ethnobotanik. Stuttgart: Wissenschaftliche Verlagsgesellschaft, 1998.

O'Toole, Christopher: Alien empire: Das Reich der Insekten. München: Knesebeck, 1996.

Preston-Mafham, Ken und Rod Preston-Mafham: Das große Buch der Insekten. Köln: Dumont, 2000.

Resh, Vincent H. und Ring T. Carde: Encyclopedia of Insects. Amsterdam: Academic Press, 2003.

Riley, Charles V.: The Locust Plague in the United States: Being More Particularly a Treatise on the Rocky Mountain Locust or So-Called Grasshopper, as It Occurs East of the Rocky Mountains, with Practical Recommendations for Its Destruction. Chicago: Rand, McNally, 1877.

Rosen, William: Justinian's Flea: The First Great Plague, and the End of the Roman Empire. New York: Penguin Books, 2008.

Rule, Ann: Empty Promises and Other True Cases. New York: Pocket Books, 2001.

Schaeffer, Neil: The Marquis de Sade: A Life. New York: Knopf, 1999.

Talty, Stephan: The Illustrious Dead: The Terrifying Story of How Typhus Killed Napoleon's Greatest Army. New York: Crown, 2009.

Ventura, Varla: The Book of the Bizarre: Freaky Facts and Strange Stories. York Beach, ME: Red Wheel/Weiser, 2008.

Wade, Nicholas: The New York Times Book of Insects. Guilford, CT: Lyons Press, 2003.

Waldbauer, Gilbert: Insights from Insects: What Bad Bugs Can Teach Us. Amherst, NY: Prometheus Books, 2005.

Walters, Martin: The Illustrated World Encyclopedia of Insects: A Natural History and Identification Guide to Beetles, Flies, Bees, Wasps, Mayflies, Dragonflies, Cockroaches, Mantids, Earwigs, Ants and Many More. London: Lorenz, 2008.

Weiss, Harry B. und Ralph Herbert Carruthers: Insect Enemies of Books. New York: The New York Public Library, 1937.

Williams, Greer: The Plague Killers. New York: Charles Scribner's Sons, 1969.

Zinsser, Hans: Ratten, Läuse und die Weltgeschichte. Stuttgart; Calw: Hatje, 1949.

REGISTER

Aasfresser 97
Abenteuer des Tom Sawyer, Die (Twain) 92
Acalymma 132
Acarophobie 195
Acharia stimulea 216
Afrocimex constrictus 15–17
Aleuten 235
Alfred Hitchcock Presents 271
Ameisen 52, 83–88, 174, 195, 236, 262–263
  24-Stunden- 12, 84, 87
  argentinische 88–89
Amerikanisches Landwirtschaftsministerium 167
Amerikanisches Verteidigungsministerium 33
Ampulex compressa 259
Anämie 45, 47, 246
Anascorp 58
Anastrepha striata, 159
Androctonus crassicauda 60
Anobium punctatum 99
Anopheles 225
Anthonomus grandis 76
Antommarchi, Dr. Francesco
Apachen 236
Apfelwickler 133–134
Aphis nerii 128
Aphrodisiakum 220
Apiphobie 195
Apis cerana japonica 30
Arachnophobie 195
Archispirostreptus gigas 233
Ariolimax californicus 19
Aristoteles 98, 114
Arizona-Rindenskorpion 59
Ascariasis 250
Ascaris lumbricoides 249

Atkins, John 255
Auchmeromyia senegalensis 170
Autofahrer, englische 194
Automeris io 216

Bacillus thuringiensis (Bt) 140, 251
Backshall, Steve 87
Bactrocera oleae 159
Bananenschnecke 19
Bananenspinne 57
Bandwürmer 245–246
Baumwanze 153–155
Baumwanze, marmorierte 153–155
Baumwollkapselkäfer 76, 77
Bergkiefernkäfer 39–41
Bettwanzen 15–18, 45–48, 65
Beulenpest 37
Bienen 29–31, 33–35, 37, 83, 88, 195, 236
Bilharziose 249
Blattella germanica 143
Blattgalle 185
Blattkäfer 123, 126, 133, 149, 151, 234, 235
Blattläuse 127, 128, 130, 134, 186
Blattrollkrankheit 127
Blaufärbung der Zunge 35
Blutbiene 83
Bodleian Library 93
Bombardierkäfer 9, 51–53, 235
Borrelia burgdorferi 121
Brackwespe 260–261
Braunspinne, amerikanische 25–27
Brothers, Vincent 177–178
Brotkäfer 94, 98
Brown, Jerry 157
Brugia malayi 246

Bücherlaus 96, 99
Bücherskorpion 98–99
Bücherwurm 95–97
Buckelfliege 169–171, 262
Bulkley, L. D. 115
Bürgerkrieg, russischer 112
Burns, Robert 95
Buschfleckfieber 198

Cantharidin 220–221
Carlo 107–108
Carmelitos Housing Project
    143–144
Carter Center 164, 251
Carter, Jimmy 164, 251
Centers for Disease Control 120,
    248
Centruroides sculpturatus 59
    suffusus 59
Chagas-Krankheit 35, 266–269
Chelifer cancroides 98
Chicago Daily Tribune 9
Chinin 225–228
Chlamydia trachomatis 162
Chrysomya bezziana 168
Cimex lectularius 45
Cnidophobie 195
Cochliomyia hominivorax 167
Columbus, Christoph 189–190
Conolly, Arthur 35
Coptotermes formosanus 79
Cordylobia anthropophaga 169
Cornell University 221
Coulson, Robert 193
Culicoides 101–102
    impunctatus 102
Curculio caryae 77
Cyanwasserstoff (Blausäure) 95,
    233
Cymothoa exigua 260

Daktulosphaira vitifoliae 183–184
Darwin, Charles 51–52, 265–266,
    268

Dasselfliege, südamerikanische
    165–167
DDT 76, 140
Defense Advanced Research Pro-
    jects Agency (DARPA), 33
Dendroctonus frontalis 42
    ponderosae 39
Dermatobia hominis 165
Dermestes lardarius 96
    vulpinus 97
Diabrotica 132
    barberi 149
    virgifera virgifera 149
Diamphidia 234
Dickmaulrüssler, gefurchter 77
Dickschwanzskorpion 60
Dormanz, konsekutive 151
Dorylus 86
Dracontiasis 251
Dracunculus medinensis 251
Dri-die 144
Durango-Skorpion 59

Eflornithin 257
Einheit 731, japanische 37
Einstein, Albert 99
Eisenia fetida 242
Eisner, Thomas 221
Elephantiasis 246
Emesinae 269
Encarsia formosa 129
Entomologie, forensische
    177–178
Entomophobie 193, 195
Erasmus von Rotterdam 96
Erdraupe 130
Ernteameise 83
Erntemilbe 199
Erster Weltkrieg 34, 124
Erzherzog-Raupe 215
Essigsäure 61

Fadenwürmer 103, 139–140, 246
Feldwespe 83

Felsengebirgsschrecke 69–72
Feuerameise 83–86, 236, 262
Feuerraupe 213
Field Museum 97
Filariose, lymphatische 246–248
Filzlaus 112, 116–117
Flanellmottenraupe 215–216
Fleckfieber 111–114
Fledermauswanze, afrikanische
    15–19
Fledermauswanzen 15–19, 48
Flöhe 37, 56, 189–192
Flussblindheit 137
Fogle, Ben 201–203
Formosa Termite 12, 79–82
Fraser, Thomas R. 235

Gamasoidae 181
Garten-Ungeziefer 269
Geißelskorpion 61
Gelbfieber 226
Geranien 131
Glomeris marginata 233
Glossina 255–258
Glühwürmchen 20–21, 29, 84, 87
Glyptapanteles 260–261
Gnitzen 101–104, 202, 204
Goff, M. Lee 179
Golden Orb Weaver 22–23
Gorillaläuse 112
Gottesanbeterin 21–22
Grabmilbe 107–110
Grashüpfer 71–72, 86, 178, 221,
    262
Grayanotoxin-Vergiftung 35
Grose, Francis 92
Guavenfruchtfliege 159
Gurkenkäfer 126, 132

Hale, Cindy 239–241
Halyomorpha halys 153
Hämatophagie 18
Hämolymphe 234
Haplotrema vancouverense 129

Hargis, Carole 271–272
Hargis, David 271–272
Harper's 93
Hartkekse 74, 75
Haubennetzspinne 207, 210
Havasupai 235
Helminthophobie 195
Henderson, Gregg 80
Hepatitis A 143–144
Hermaphroditen 19
Herodian von Antiochia 36
Herzglykoside 128
Heuschrecken 69–72
Heuschreckenplage 69–71
Hexanol 47
Highland Midge 102
Hirschzecke 119–121
Historia Animalium (Aristoteles)
    98
Holzbock, gemeiner 121
Honigbiene 30–31, 83
Honigbiene, japanische 30
Honigtau 88, 134
Honigvergiftung 35
Hooke, Robert 97
Hornissen 29–32, 83
Hornissensaft 32
Hunter, Mark 79
Huntington Library 98
Hybrid Insect Micro-Electro-Me-
    chanical System (HI-MEMS) 33
Hydrochinon 52–53

Insektenphobie 194
Insektizide 45, 47, 76, 140, 144,
    193–194
Insemination, traumatische 17
International Atomic Energy
    Agency 257
Io-Falter-Raupe 216
Ips typographus 42
Isopterophobie 195
Israelensis 140
Ivermectin 140

Ixodes ricinus 121
   scapularis 119–121

Japankäfer 131
Jova 236
Jüdische National- und Universitätsbibliothek 99
Juwelwespe 259–260

Kalziumarsenat 76
Kartoffelkäfer 123–126
Katsaridaphobie 195
Keime 146
Kettle, D. S. 101
Kimsey, Lynn 177
Kirschblüten in der Nacht 37
Kleiderlaus 112–115
Knotenameise 83
Kokain 179
Kompostwurm 242
Kopflaus 112, 115–116
Kopulationspraktiken, aggressive 19
Kornkäfer 75
Kosmopoliten 98
Krabbenspinne 23, 27
Krätze, süße 102
Krauth, Steven 275
Kriebelmücke 104, 137–141
Kriegsführung, insektuelle 33
Ktesias 175
Küchenmeister, Friedrich 244
Küchenschabe 65, 86, 143–147, 195, 259
Kurzflügler 173, 182
Kusswanze 267

LaFarge, Jeffery 80
Langkopfwespe 83
Lanzenzahn-Raubschnecke 129
Lasioderma serricorne 94
Latrodectus hasselti 208
   hesperus 207
Laufkäfer 51–53, 234–235

Laus, afrikanische 115
Läuse 35, 74, 88, 95–96, 99, 111–117
Läusesucht 114–115
Lebistina 234, 235
Lederwanzen 155
Leishmaniose 201–203
Leiurus quinquestriatus 60
Lek 202
Lenin 112
Lepidopterophobie 195
Lepisma saccharina 97
Leptinotarsa decemlineata 123
Leptotrombidium 149–151
Leucochloridium paradoxum 261
Lexias 215
Liarsky, Stephen 207
Lichtenstein, Jules 186
Lidocain 146
Liebesschmetterlinge 117
Linepithema humile 88–89
Livingstone, David 257
Lockwood, Jeffrey 33
Londoner Zoo 208
Lonomia achelous 213
   obliqua 213
Loxosceles reclusa 25–27
LSD 272, 273
Lukian von Samosata 96
Lumbricus rubellus 240, 242
   terrestris 239–240
Lymantria dispar 214
Lyme-Borreliose 120–121
Lytta vesicatoria 219–221

Maden 95, 98, 165, 168, 170, 179
Maiserdfloh 149
Maiswurzelbohrer, nördlicher 149–151
   westlicher 149–151
Malacosoma 134
Malaria 74, 95, 98, 165, 168, 170, 179, 197–199, 202, 225–228, 267
Malathion 157–158

Mandaratoxin 29
mandarinia japonica 29–32
Manduca quinquemaculata 132
  sexta 132
Mansonella 103
Mastigoproctus giganteus 61
Maya 34
Mectizan 248
Medinawurm 251–252
Megalopyge opercularis 215
Megaselia scalaris 169
Melanoplus spretus 69–72
Merck 140
Mikrofilarien 139–140, 247
Milben 108–109, 184
Mittelmeerfruchtfliege 8–9,
  157–159
Mittelmeerskorpion, gelber 60
Moderkäfer, schwarzer 175
Modermilben 181, 195
Murray, Polly 119–121
Musca domestica 164
  sorbens 161–164
Mutterkorn-Vergiftung 273
Myiasis, urogenitale 170
Myrmecophobie 195

Nacktschnecken 129
Nagekäfer, gemeiner 99
Napoleon I. 107–111
Neopyrochroa flabellata 221
Nephila plumipes 22
Nervengift 29, 35, 46, 58, 87
Neuwelt-Schraubenwurmfliege
  167–169
New Orleans 12, 79–81
New York Times 39, 157
Nicrophorus 180

Octenol 47, 227
Ocypus olens 175
Ohrwurm 130, 174
Oleanderblattlaus 128
Olivenfruchtfliege 159

Olympische Spiele 41
Ommatoiulus moreletii 232
Onchocerca volvulus 137–138
Onchozerkose 137
Ono, Masato 29–30
Orientbeule 203
Oropouche-Fieber 103
Orthoporus dorsovittatus 233
Otiorhynchus sulcatus 77
Oviedo, Francisco de 189–190

Paederuskäfer 173–175
Paraponera clavata 87
Parasitophobie 195
Parthenogenese 127
Pederin 173, 175
Pediculophobie 195
Pediculus humanus capitis 115–116
  humanus humanus 112–115
Pekannussbohrer 77
Pelargonium zonale 131
Penizillin 120, 228
Perfektes-Blatt-Syndrom 193
Pfeilgifte 234–235
Pheromone 29–30, 48
Phlebotomus 201–204
Phobien 11, 193–195
Phoenix Children's Hospital 58,
  154
Phoneutria 55–57
Photinus ignites 21
Photuris versicolor 20–21
Phylloxera vastatrix 184
Pilze 40, 84, 93, 96, 134, 181, 185,
  273
Plasmodium 226
Plinius der Ältere 36
Poe, Edgar Allan 91
Pomo 236
Popillia japonica 98
Praziquantel 249
Priapismus 56, 221
Provincial Glossary, A 92
Psalmopoeus cambridgei 273

Pseudacteon 262
Pthirus pubis 116–117
Pyrethroid-Spray 47

Randall's Island 161
Randwanzen 155
Raubwanzen 35–36, 48, 265–266, 269
Raupen 33, 130, 132, 134–135, 212–216, 235, 260, 269
Reduvius personatus 48
Regenwurm 239–242
Reiskäfer 75–76
Rheumatoide Arthritis, jugendliche 120
Ribaga'sches Organ 17
Rickettsia prowazekii 198
Riesenhornisse, asiatische 29–32
Riesenläufer, brasilianischer 63–66
Riesentausendfüßer, afrikanischer 233
Ringelspinner 134–135
Roter Waldregenwurm 240, 242
Rotrückenspinne 208
Ruderfußkrebs 251
Rumina decollata 129
Rüsselkäfer 39, 74–75

Sackratten 116
Sade, Marquis de 219–220
Saftkugler 233
San 234–235
Sandfloh 189–192
Sandmücken 201–204
Sandspinne, sechsäugige 25
Saprophagen 231
Sarcoptes scabiei 107–110
Sarcoptes-Räude 110
Saugwurm 261
Say, Thomas 123–124
Schildläuse 134
Schiødte, Jørgen Christian 115
Schistosoma 248–249

Schistosomiasis 248–249
Schlafkrankheit 256–258
Schmeißfliegen 10, 178–182
Schmidt, Justin 83
Schmidt-Stichschmerz-Index 83
Schnecken 19–21, 129
Schnurfüßer, schwarzer 232
Schock, anaphylaktischer 85, 146
Schwammspinnerraupe 214
Schwarze Witwe 207–210
Schweinebandwurm 244–246
Scoleciphobie 195
Scolopendra gigantea 63–66
   heros 65
Scutigera coleoptrata 48, 65
Septimius Severus 36
Silberfischchen 65, 97–98
Simuliotoxikose 138
Simulium damnosum 137–141
Sitophilus granarius 75
   oryzae 75–76
Skorpione 36–37, 58–61
Solenopsis invicta 84–86
Southern Pine Beetle 42
Spanische Fliege 219–222
Spargelkäfer 126, 151
Speckkäfer 184
Speckkäfer, gemeiner 96, 97
Spheksophobie 195
Spinnenläufer 48, 65
Spinochordodes tellinii 262
Spulwurm 249–251
Stanley, Henry Morton 257
Stechfliege 164
Stechmücke 74, 102–104, 166, 225–228
Steere, Allen 120
Stegobium paniceum 94, 98
Stenaptinus insignis 51–53
Sterile Insect Technology 257
Stoddart, Charles 35
Stubenfliege 163–164
Syphilis 189–190, 228

288

Tabakkäfer 94
Tabakschwärmer 132
Tachypodoiulus niger 231–233
Taenia solium 244–246
Takahashi, Naoko 32
Tarantismus 273
Tarantulafalke 84
Tarshis, I. Barry 144
Tausendfüßer 12, 64, 165, 231–233
Tausendfüsser, portugiesischer
    232
Tauwurm 239–242
Tenodera aridifolia sinensis 21–22
Theraphosa blondi 271–274
Tityus trinitatis 60
Tomatenschwärmer 132
Totengräberkäfer 183
Totes-Insekt-Syndrom 193
Trachom 162–163
Transovarial 198
Treiberameise 86–87
Triatoma infestans 265–269
Trichiasis 162
Trogium pulsatorium 96
Trypanosoma 265
    cruzi 267
Trypanosomiasis 257
Tsetsefliege 255–258
Tsutsugamushi-Fieber 197–199
Tumbufliege 169
Tunga penetrans 189–192
Tungiasis 191

UCLA 144
Umweltschützer-Syndrom 193
University of Massachusetts 46
University of Minnesota 239
University of Texas 262
Uwarow, Boris 71

Vagabundenkrankheit 113
Vespa crabro 32
Vietnam-Krieg 164

Vinchuca Wanze 265–269
Vogelspinne 271–274

Wagner-Jauregg, Julius 228
Wanderröte 121
Wanderspinne, brasilianische
    55–57
Wanzen 15–19, 35, 45–48, 65,
    153–155, 165–269
Wanzengruben 35
Washing Away of Wrongs, The 177
Was uns die Insekten kosten 39
Washington, George 225
Washington, Martha 225
Wasserstoffperoxid 52–53
Weinbergschnecke 129
Weiße Fliege 128–129
Weltgesundheitsorganisation 258
*Wenn Käfer so groß wie Menschen
    wären* 9
Wespe, gemeine 83
Wespen 29–32, 34–35, 37, 83, 88,
    260–261
Wikar, Hendrik Jacob 234
Wilson, E. O. 86
Winterbottom-Zeichen 256
Wirbelsturm Katrina 79–82
Witter, John 193
Wuchereria bancrofti 246–249

Xenophon, 34
Xysticus cristatus 23

Yavapai 236–237

Zeckenfieber 121
Zehrwespe 128
Zinsser, Hans 114
Zombies 259–263
Zungenfresserassel 260
Zweiter Weltkrieg 37, 46, 76, 81,
    125, 197–198
Zyanid 154